TOROLF E. KROGLUND

REISE MIT AAL

AUF DEN SPUREN EINER AUSSTERBENDEN ART

TOROLF E. KROGLUND

REISE MIT AAL

AUF DEN SPUREN EINER AUSSTERBENDEN ART

AUS DEM NORWEGISCHEN
VON MARTIN BAYER

Inhalt

Vom Hammarvatnet in die Sargassosee

Manchmal hatte ich einen Aal am Haken, wenn ich in den Seen Frøyas, der Insel meiner Kindheit in Westnorwegen, Forellen angelte. Ich besaß zwei Ruten, eine Wurfangel, die ich mit Kunstköder, Spinner oder Fliege einsetzte, und eine Rute mit Wurm und Schwimmer. Die Aale bissen immer an der Rute mit dem Wurm, und zwar meist dann, wenn sich bereits die Dunkelheit über Wasser und Land legte. Ich konnte gerade noch erkennen, wie sich ein schwarzes, schweres Etwas in der Tiefe bewegte. Eine große Kraft ging von diesem Etwas aus, wenn ich die Angelschnur einholte. Ich musste dagegen richtig ankämpfen. Und jedes Mal war ich enttäuscht, wenn keine Rekordforelle am Haken hing, sondern ein glitschiges, sich windendes, schlangenartiges Ding, das ich ins Heidekraut warf und mit einer Mischung aus Faszination und Ekel betrachtete. Es erwies sich als fast unmöglich, das Tier vom Haken zu bekommen. Er war so tief im Maul verschwunden, dass ich ihn gar nicht mehr sehen konnte. Auch ließ sich der schleimige Aal kaum festhalten. Es sah aus, als habe er den Wurm samt Haken eingesaugt wie ein Staubsauger. Man hätte wohl die Leine kappen und ihn wieder ins Wasser werfen können, aber ihn mit einem Haken in der Kehle herumschwimmen zu lassen, wäre Tierquälerei gewesen. Die einzige Lösung war, ihn zu töten. Selbst das war nicht so leicht, wie man glauben sollte. Ihn festzuhalten, war nicht das einzige Problem. Auch wenn man auf ihn treten wollte, flutschte er weg wie ein Stück Seife. Ich muss zu meiner

Schande gestehen, dass mir nichts Besseres einfiel, als das Messer hervorzuholen und ihm den Kopf abzuschneiden. Aber nicht einmal danach schien dieses unheimliche, mystische Tier tot zu sein. Der Körper wand sich weiter, und fast sah es so aus, als ob es ihn zurück ins Wasser zöge, um in der Tiefe zu verschwinden und dort weiterzuleben, als sei nichts geschehen. Ohne Kopf. Wuchs der womöglich wieder nach? Auch er schien weiterzuleben, nachdem ich ihn abgetrennt hatte. In der Mitternachtsdunkelheit, allein am undurchsichtigen Wasser, weitab von jeglicher Zivilisation war das alles ziemlich unheimlich.

Ich wusste, dass man Aal durchaus essen kann, und manche aßen ihn tatsächlich. Aber mir kam das ziemlich abwegig vor. Wie konnte man dieses glitschige, unheimliche Wesen, das kaum totzukriegen war, nur auf den Teller bringen? Das überstieg meine Vorstellungskraft, diesen Beifang empfand ich wirklich nicht als Bereicherung.

Ich glaube nicht, dass ich damals schon etwas von der rätselhaften Reise wusste, die dieser Aal hinter sich hatte. Dass mir bewusst war, wie er sich als kleine Larve von der Tiefsee auf den Weg gemacht hatte, um am Ende über Bäche und Stock und Stein als Aal bis hierher in den Hammarvatnet auf Frøya zu gelangen. Oder dass diejenigen Aale, denen ich nicht den Kopf abschnitt, genau das tun würden, wovon ich hier an der Küste immer träumte: hinausziehen in die große weite Welt. Ja, dass mein Aal im Hammarvatnet nicht nur in die weite Welt hinauswollte, sondern sogar bis ganz an ihr Ende, hinunter in die namenlosen Tiefen des sagenumwobensten und geheimnisvollsten aller Gewässer: der Sargassosee.

Früher Morgen mit Kaffee und Zeitung. Ein Artikel in der Lokalzeitung bringt mich dazu, an damals zurückzudenken, an die Aale in den Angelgewässern meiner Kindheit auf Frøya. Fotos zeigen

Aale, die von den Turbinen des Wasserkraftwerks am Storelva in Tvedestrand geschreddert wurden. Ein bärtiger Mann hält einen toten Aal in die Kamera, im Hintergrund ist ein ganzer Haufen Fischkadaver zu sehen. Der Mann schaut ziemlich besorgt.

Der besorgt Dreinblickende ist mein Vetter, Frode Kroglund. In dem Artikel spricht er reichlich dramatisch vom »großen Aalmassaker«. Frode ist Biologe (ich selbst habe Literatur studiert). Wir stammen beide aus Trøndelag und haben lange in Sørland gewohnt, Frode in Arendal, ich 40 Kilometer entfernt in Lillesand, also zwei Nordnorweger mit demselben Nachnamen in Südnorwegen …

Das Schlimme an der Sache ist: Der Aal steht in Europa als vom Aussterben bedrohter Fisch auf der Roten Liste; in Norwegen gilt er aber lediglich als gefährdet. Immerhin ist es verboten, ihn zu fischen (das gilt für Berufsfischer wie Freizeitangler). Weltweit versuchen Forscher dahinterzukommen, warum der Aal verschwindet. Hier ist offensichtlich einer der Gründe dafür: Wenn die Aale aus dem großen Einzugsbereich des Storelva hinaus ins Meer wollen, um ihre lange Reise zurück in die Sargassosee anzutreten, treffen sie auf die Turbinen, die sie am Weiterschwimmen hindern und im schlimmsten Fall in Stücke hacken. Gegen Wasserkraftwerke anzukämpfen ist in etwa so schwierig wie Don Quijotes Kampf gegen die Windmühlen. In Norwegen steht an jedem zweiten Fluss eins, und auch die Wasserläufe im restlichen Europa sind voller Turbinen, Wehre und Dämme.

»Diese Aale«, wird Frode im Artikel zitiert, und er spricht aus, was die Bilder bereits ganz unmissverständlich zeigen, »kehren nicht mehr in die Sargassosee zurück.«

Kein einziger Aal in unseren großen und kleinen Seen, in unseren Flüssen und an der Küste paart sich hier. Alle Europäischen und Amerikanischen Aale paaren sich erst in der

Sargassosee. Das hat zwar noch nie jemand gesehen, aber die kleinsten Aallarven, die – in relevanten Mengen – gefunden wurden, sind dort gefunden worden. Die Aale, mit denen wir es in den Seen und zwischen den Schären zu tun haben, sind also nur zu Besuch – und sie gehören derselben Art an.

Die Aallarven sehen aus wie durchsichtige kleine Blätter, ganz flach und rund. Sie haben Magensäcke und kleine Augen, kleine Beinchen und kleine, aber furchteinflößende Zähne. Mit dem Golfstrom treiben sie ins südliche Europa, wozu sie mehrere Jahre benötigen. Wenn sie unsere Küsten erreichen, sind sie zwar immer noch klein, doch haben die meisten ihre Form verändert: Sie sind weiterhin durchsichtig, aber der Körper ist jetzt schlanker, aalähnlicher. Aus den Larven sind Glasaale geworden. Man findet sie in besonders großer Zahl an den Küsten und in den Flussmündungen Portugals, Spaniens, Frankreichs und im Süden Englands und Irlands. Glasaale gibt es aber auch im Mittelmeer und selbst hier oben an der norwegischen Küste und in unseren Flüssen. Doch auch wenn sich kleine Glasaale hier in unseren Gewässern tummeln, hat doch kaum einer sie je gesehen. Während sie weiter die Seen und Flüsse hinaufwandern, entwickeln sie Farbpigmente. Dann sehen sie schon halbwegs wie »richtige« Aale aus. Allerdings sind sie immer noch sehr klein, zwischen fünf und zehn Zentimeter, zudem dünn wie ein Stück Draht. In diesem Stadium heißen sie Steigaale.

Die Wanderung aus der Sargassosee hat Jahre gedauert, manche Forscher gehen davon aus, dass es bis zu drei sein können. Aber in den Flüssen und Seen bleiben sie, um erwachsen zu werden, in ihrem Süßwasserlebensraum – sei es das Hammarvatnet, der Håelva, der Vegår, der Vänersee, der Rhein, der Po oder der Nil –, und zwar jahrzehntelang. Sie haben keine ausgebildeten Geschlechtsorgane, in ihrem Leben dreht sich alles nur ums Fressen. Sie bleiben drei bis dreißig Jahre treu an derselben Stelle – manchmal sogar noch viel länger. Der älteste bekannte Süßwasseraal war aus Südschweden. Er hatte ein nachweisliches Alter von mindestens 155 Jahren. Åle – ein Männchen, wie man später herausfand – lebte in einem Brunnen, in dem er im 19. Jahrhundert ausgesetzt worden war, um das Wasser von Algen und Kleintieren freizuhalten. In seinem restlichen Leben hat Åle außer seinem beengten Zuhause nichts von der Welt gesehen, selbst als er ein geschlechtsreifer Blankaal geworden war. Dennoch kannte ihn jeder in Schweden, denn viele kamen ihn besuchen. Es gibt etliche Fernsehaufnahmen, in denen Reporter der schwedischen Naturdokuserie *Ut i naturen* zu ihm in den Brunnen hinunterkletterten, um mehr über ihn in Erfahrung zu bringen. Heute liegt Åle tiefgefroren in der Gefriertruhe eines schwedischen Aalforschers.

Süßwasseraale werden wegen der Pigmente, die sie im Süßwasser entwickeln, Gelbaale genannt. Diese Farbstoffe sorgen dafür, dass sich der Bauch des Aals goldgelb und der Rücken dunkelbraun färbt. Wenn sich der Aal – auf unerforschte Weise und ohne uns bekanntes Muster – entschließt, ins Salzwasser zurückzukehren, verändert er sich ein weiteres Mal. Sein Maul wird spitzer und seine Augen werden doppelt so groß, seine Haut wird fester. Zudem wechselt seine Farbe: Seine Bauchseite ist nun silbrig und wirkt blank, sein Rücken ist dunkler, fast schwarz. In diesem Stadium heißt er Blank- oder Silberaal.

Zur Familie der Aale oder *Anguillidae* gehört eine ganze Reihe verschiedener Aalarten, 16 an der Zahl. Die vier wichtigsten sind: der Europäische (*Anguilla anguilla*) und der Amerikanische Aal (*Anguilla rostrata*) im Atlantik und der Japanische (*Anguilla japonica*) und der Tropische Aal (*Anguilla australis*) in Asien. Der Europäische und der Amerikanische Aal kommen beide aus der Sargassosee. Beide Arten gleichen einander so sehr, dass man sie im Grunde auch als eine einzige auffassen könnte. Unterscheiden kann man sie nur daran, dass der Amerikanische Aal einen Rückenwirbel mehr als der Europäische hat. Möglicherweise hat das damit zu tun, dass er als Aallarve aktiver schwimmt, um die amerikanische Küste zu erreichen, während sich sein europäischer Verwandter eher passiv mit der Strömung treiben lässt. Aber wie so oft beim Aal wissen wir auch hierüber nichts Genaues.

Alle diese Aalarten stehen auf der Roten Liste und sind vom Aussterben bedroht. Am schlimmsten steht es inzwischen um den Europäischen Aal. Es sind sogenannte katadrome Arten, im Gegensatz zu den Lachsen, die anadrom sind. Das bedeutet, dass diese Aalarten in der Tiefsee geboren werden, um dann in Süßwassergewässer zu wandern, wo sie den größten Teil ihres Lebens verbringen. Es gibt zwar eine Aalart, die man nur im Meer findet und die folglich auch Meeraal heißt, aber trotz aller Ähnlichkeiten gehört der Meeraal *nicht* zur Familie der *Anguillidae,* sondern zur Familie der *Congridae.* Sein wissenschaftlicher Name lautet *Conger conger.* Er wird sehr groß und teilt seinen Lebensraum mit dem Europäischen Aal, aber nur im Meer.

In den Tropen gibt es einige Muränenarten, die zwar wie Aale aussehen, aber keine sind, sondern eine eigene Familie bilden, die *Murenidae.* Auch keine richtigen Aale, auch wenn sie so heißen, sind die sogenannten Zitteraale, die in den Flüssen Südamerikas heimisch sind. Sie gehören vielmehr zur Familie der Welsartigen. Es ist tatsächlich so, dass viele Welse wie Aale aussehen. Das gilt auch für die Schleimaale. Diese aalartig anmutenden Fische zählen mit den Neunaugen zu den »Rundmäulern« oder »Kieferlosen«. Die Gemeinsamkeit zwischen den Schleimaalen (im Salzwasser) und den Neunaugen (vor allem in Flüssen) besteht darin, dass sie ihr Maul wie eine

Art Saugnapf einsetzen, mit dem sie sich an ihrer Beute oder an einem Aas festsaugen, um dann mit ihrer Raspelzunge – manche Arten auch mit ihren Zähnen – Fleisch herauszulösen. Gemeinsam ist ihnen auch ein Merkmal, das sie sowohl von den Aalen als auch von den Reptilien unterscheidet: Sie haben weder Knochen noch Knorpel. Sie haben nicht einmal einen Magensack. Fridtjof Nansen studierte, bevor er ein berühmter Abenteurer, Polarfahrer und Diplomat wurde, die Biologie des Schleimaals und schrieb seine Dissertation über das Nervensystem dieses Fisches.

Neunaugen und Schleimaale sind in allen unseren Gewässern ziemlich häufig zu finden – ebenso wie der Aal –, auch wenn die meisten von uns nie einen Gedanken an sie verschwendet haben dürften.

Frode hat lange in Arendal gewohnt. Ich bin mit meiner kleinen Familie vor 14 Jahren ganz in die Nähe gezogen. Es ist schon seltsam, dass wir kaum eine halbe Stunde voneinander entfernt leben, aber nie viel Kontakt zueinander gehabt haben. Mein Vater war der einzige Bruder von Frodes Vater, aber beide waren ziemlich verschieden und hatten nicht viel miteinander zu tun. Ich glaube, Frodes Familie ist ab und zu nach Frøya gefahren, und wir haben sie auch in Stjørdal besucht. Frode war so viel älter als ich, dass er da schon von zu Hause ausgezogen war, um zu studieren. Ich war der Jüngste und habe mein Elternhaus als Letzter von uns Geschwistern verlassen.

Als Student lernte ich ein hübsches Mädchen namens Cecilie kennen, das aus dem Süden Norwegens stammte. Ich war schon viel gereist, aber noch nie in Sørland gewesen. Dieser Umstand ließ für mich den Ort, in dem sie aufgewachsen war, in einem ganz besonderen, ja geradezu exotischen Licht erscheinen. Als wir dann gleich im ersten Sommer in das große alte Haus in Sørland zogen, das ihrer Großmutter mütterlicherseits gehört hatte, wurde mir das Exotische zunehmend vertraut. Es war der Rekordsommer 1997. Wir fuhren überall mit dem Fahrrad hin, hinunter ans Meer, wo wir badeten und uns auf den Felsen in die Sonne legten. Am Abend ging es dann zu abgelegenen Kolken in den Flüssen, wo wir uns das Salzwasser abwuschen. Wir waren braungebrannt, unsere Haut sonnenwarm, und wenn ich durch die Sträßchen mit den weißgestrichenen Häusern runter zur Felsenküste fuhr, dachte ich, das könne hier auch die Provence oder Toscana sein. Wir radelten die Feldwege entlang bis tief in die sørländischen Wälder hinein, zu einem Platz, dem Cecilie ihren Spitznamen verdankte: Knibe. Hier saßen wir an einem kleinen Teich, an den sie viele Erinnerungen hatte, an einem Ort, zu dem sie gewandert war, um Blaubeeren zu pflücken oder einfach nur draußen in der Natur zu sein. Ich hatte eine Angelrute mit Schwimmer und Köderwurm dabei. Wir hatten ein paar schöne Forellen gefangen, was ihr imponierte, und als die Dunkelheit sich über die Baumwipfel senkte, saßen wir aneinandergekuschelt und küssten uns. Auf der anderen Seite des Teichs konnten wir in der Dämmerung zwischen den Baumstämmen einen Rehbock erkennen, der von uns noch keine Witterung aufgenommen hatte. Ich weiß noch, wie er ganz unvermittelt und brünstig losröhrte, sodass wir zusammenzuckten. Ein wundersames gemeinsames Erlebnis. Gegen Mitternacht tauchte der Schwimmer an meiner Angel erneut unter Wasser. Und diesmal hatten wir richtig Mühe, das schwere, widerstrebende Etwas am anderen Ende der Schnur heraufzuziehen. Schließlich lag ein großes, glitschiges und schlangenartiges Geschöpf da und wand sich zwischen unseren Füßen. Ein Aal! Cecilie schrie entsetzt auf. Diesmal schaffte ich es allerdings irgendwie, den Haken herauszulösen, während ich mit dem schleimigen, muskulösen

Ding kämpfte. Wir entließen das Tier schnell wieder in die unheimlichen Tiefen des Teichs, aus denen es gekommen war.

Was hat es mit dem Aal auf sich, dass er immer entwischt? Diese unfreiwilligen nächtlichen Begegnungen mit Aalen tragen Millionen Jahre nichtmenschlicher Dunkelheit in sich. Aale stehen im Gegensatz zum Licht und zur Wärme, wie sie Wasserkraftwerke erzeugen. Die Naturbeherrschung der Ingenieure und unsere domestizierte, sehr komfortable Lebenswirklichkeit treffen auf die Aale, die sich seit über 50 Millionen Jahren auf dieselbe Art und Weise durchwinden. Der Zeitungsartikel in der *Agderposten,* in dem Frode zitiert wird, berichtet von einer Kollision zwischen einem natürlichen Urwesen und unserer modernen Gesellschaft.

Es gibt immer noch viele Dinge, die wir nicht wissen über dieses Geschöpf, um das sich in fast allen Kulturen allerlei Mythen ranken. Das Tier, das sich biologisch deutlich von den Reptilien unterscheidet und korrekt als Fisch eingeordnet wird, ist in den Mythen eine Art Mischwesen aus Reptil und Fisch, eine Seeschlange, die zu den Drachen gehört. In der altnordischen Mythologie gibt es die Midgardschlange, die so groß wurde, dass sie nur noch im Meer genug Platz fand. Dort schlang sie sich rund um die gesamte Menschenwelt und biss sich selbst in den Schwanz (nicht unähnlich dem ägyptisch-griechischen Drachen-/Schlangenwesen Ouroboros, das den Kreislauf des Lebens von der Geburt bis zum Tod symbolisiert, indem es sich ebenfalls in den Schwanz beißt). Es heißt, dass die Midgardschlange am Ende der Zeiten aus dem Meer aufsteigen und sich über Felder und Wiesen heranwälzen wird. Odins Sohn Thor, der Donnergott, muss dann gegen sie kämpfen. In der Sage bekommt Thor von ihr eine tödliche Wunde zugefügt und stirbt, woraufhin die Welt untergeht. Mit den Seeschlangen ist also nicht zu spaßen.

Auf der anderen Seite zahlen sich Seeschlangen als Touristenattraktion aus. Die Exemplare, um die es geht, leben seltener im Meer, sondern eher in großen Binnenseen, und zwar überall auf der Welt. Die bekannteste ist Nessie, das Ungeheuer von Loch Ness. In Norwegen haben wir den *Seljordsorm*. Was fasziniert uns so an ihnen – selbst heute in unserer aufgeklärten und rationalen Gesellschaft?

Laut einer biologischen Hypothese sollen Schlangen und Aale einen gemeinsamen Ursprung haben, also ist an dem Mythos, wie so häufig, etwas Wahres dran. Als reale Lebewesen gehören sie zu den natürlichen Arten, und gleichzeitig existieren sie in Erzählungen unterschiedlicher Kulturen. Die unübersichtliche Vielfalt der Natur und ihre Rolle in den Sagen und Legenden sind gerade das, was mich an ihnen fasziniert.

Hätten wir doch bloß Lehrer gehabt, die uns von den seltsamen, ja fast unglaublichen Wundern der Natur erzählt hätten!

Bevor ich ein pickliger, eigensinniger Jugendlicher wurde, wollte ich nämlich Biologe werden. Aber die sterbenslangweiligen, theorielastigen und staubtrockenen Naturkundestunden in der Schule raubten mir nach kurzer Zeit den Nerv. Solange ich zurückdenken kann, streifte ich lieber allein in unserem großen Garten oder draußen auf der Kleewiese umher und sammelte zum Beispiel Insekten. Mein Vater war Rektor der Dorfschule und besaß einen Vorrat kleiner durchsichtiger Schachteln, dazu Schaumgummi, das man zuschneiden und hineinlegen konnte, und passende Deckel und dünne Nadeln, um die Insekten aufzuspießen. Rasch hatte ich eine anständige Insektensammlung beisammen. Ich kannte alle Ecken und Winkel des Gartens und hatte viele tolle Verstecke: im Dickicht der verwachsenen Roten und Schwarzen Johannisbeerbüsche, in der verborgenen Hütte unter den Bäumen und oben in den Bäumen, wo mich niemand sehen konnte, aber ich alles im Blick hatte.

Ich träumte oft davon, fliegen zu können. Ich sprang in die Luft und wedelt mit den Armen, lies sie in der Luft kreisen, und wenn ich oben war, konnte ich alles überblicken. Ein prickelndes Gefühl der Freiheit.

Vielleicht interessierte ich mich deshalb für Vögel. Für die, die man essen konnte, aber auch für alle anderen, die ich sah und hörte, zum Beispiel die Brachvögel, Austernfischer, Möwen und Schnepfen. Die majestätischen Seeadler und die Sperber, die im Garten Kleinvögel jagten, begeisterten mich. Greifvögel fand ich insgesamt faszinierend. Ich studierte alle Vögel, die in dem zerlesenen Vogelbestimmungsbuch mit detaillierten Zeichnungen abgebildet waren, und kannte sie alle auswendig. Ich wollte Ornithologe werden. Wenn ich mit Vater zusammen in Trondheim war, gingen wir ins Naturkundemuseum, in dem es viele ausgestopfte Vögel gab. Wir machten einen Sport daraus, dass er die Informationstafeln zuhielt und ich den Namen des Vogels erriet. Vater zeigte sich beeindruckt, und ich war mächtig stolz. Vater erzählte, wie er als Kind einen Verwandten, der im Museum arbeitete, besuchte hatte. Er war im Museum eingeschlafen, und der Verwandte hatte ihn schlafen lassen. Als Vater aufwachte, fand er sich inmitten all der ausgestopften Tiere und Skelette wieder. Eine unheimliche Vorstellung.

Meine Insektensammlung wurde um eine Vogeleisammlung ergänzt. Ich nahm vorsichtig immer nur ein Ei aus den Gelegen, blies es aus, bettete es in einer Holzschachtel auf Watte und beschriftete sie. Alle meine Freunde hatten Eiersammlungen. Aber ich war ein Meisterkletterer; die höchsten Bäume mit den unzugänglichsten Nestern reizten mich am meisten und verursachten das schönste Magenkribbeln – und Baumharz und Kratzer an den Händen. Ich ließ mich auch nicht von den

Vogeleltern abschrecken, wenn sie mich im Sturzflug attackierten, um den Nesträuber zu vertreiben.

Der Jagdtrieb als solcher war das eine. Das andere war die Beute, die Eier mit ihren vielen verschiedenen Farben, Mustern und Formen. Kunst der Natur.

Frøya mit seinen verschiedenen Habitaten war so etwas wie ein ornithologisches Mekka, hier lebten sehr viele unterschiedliche Vogelarten auf einem relativ kleinen Gebiet – und wir wohnten praktisch mittendrin in ungezähmter Natur. Ich besaß eine Kreuzotter, die ich selbst gefangen und getötet hatte und die ich in einer der Plastikschalen in Spiritus aufbewahrte. Ich hätte gerne auch einen Aal auf diese Weise konserviert, um ihn zu studieren. Auf meinem Regal über dem Schreibtisch war noch Platz. Aber ich wusste nicht, wie ich ihn hätte nach Hause schaffen und töten sollen. Also begnügte ich mich damit, in die unergründlichen kleinen Augen der Kreuzotter zu starren und an Seeschlangen zu denken. Ihren rätselhaften, geheimnisvollen Blick empfand ich als böse.

An einer Wand in meinem Zimmer hing ein Plakat mit den gängigsten Fischarten. Direkt daneben konnte ich durchs Fenster aufs Meer hinausschauen, das alle diese Tiere beherbergte – und noch viele andere.

Oft träumte ich, dass ich tiefer und tiefer ins Meer hinabsank. An allen Lebewesen vorbei, an den Aalen, den Haien und zum Schluss auch an den Walen. Ich erwachte mit einem Ruck und dem abrupten Gefühl zu fallen – und dem Drang, mich irgendwo festzuhalten.

Es heißt, was der Mensch am meisten fürchte – mehr als den Tod –, sei die *Tiefe*. Gleichzeitig wollen wir wie die Vögel fliegen können, um uns in die Lüfte zu erheben. So ist es ja auch in den Sagen und Erzählungen verschiedener Religionen: Die

Seele als das Göttliche in uns hat eine Verbindung zum Überirdischen, während das Unterirdische, das in der Tiefe lauert, mit dem Bösen, Gefährlichen oder Ekeligen assoziiert wird. Das ist schon ziemlich paradox, wenn man daran denkt, wie viele Menschen in der Erde begraben werden, wenn sie sterben, und dass das meiste, wovon wir uns ernähren, unter der Erdoberfläche oder unter Wasser wächst. Vielleicht liegt es ganz einfach daran, dass wir uns gerne einbilden, wir könnten die Welt erkennen und verstehen, uns aber der eigentliche Sinn des Lebens und unsere Zukunft verborgen bleibt? In der Bibel heißt es: »Aus Erde bist du gekommen, und zu Erde sollst du werden« – kann ja sein, dass wir zu Erde werden, aber entstanden sind wir nicht aus ihr (wir sind keine Pflanzen). Im Grunde, so hat uns Darwin gelehrt, kommen wir aus dem Meer, aus den Tiefen des Meeres.

Mich hat schon immer vor allem das fasziniert, was man auf den ersten und auch den zweiten Blick nicht sofort sieht. Bei den Angelseen meiner Kindheit versuchte ich mir vorzustellen, wie es unter Wasser aussah. Spiegelverkehrte Berge und Täler. Forellen und Aale, die ich nur zu sehen bekam, wenn ich sie, aus ihrem ureigenen Element gerissen, am Haken hatte – ich stellte mir vor, dass sie lebendig in ihrem Lebensraum, wo *ich* der Fremde war, vielleicht ganz anders aussehen würden.

Die praktischen Kenntnisse im Angeln und Jagen brachte mir unser Nachbar Reidar bei. Keiner aus meiner Familie beherrschte dies oder interessierte sich dafür. Wenn ich an meine Jugend zurückdenke, glaube ich, dass weder meine Eltern noch meine Geschwister jemals viel in der Natur draußen waren, die einen auf Frøya doch überall umgab. Natürlich gingen sie den obligatorischen Wanderweg zur »Trimhütte« hinauf und bei Ebbe hinunter ans Wasser, aber das zählt nicht. Bevor ich mein erstes eigenes Boot mit Außenbordmotor bekam, hatte die Familie ein altes und schönes Færing, ein traditionelles Boot mit zwei Paar Rudern, das mein Vater allerdings kaum nutzte. Höchst selten fuhren wir damit auf den Fjord hinaus, um ein bisschen mit Handleinen zu angeln. Aber alles in allem waren das Ausflüge, auf denen wir »Gäste« der Natur blieben, eher Zuschauer als Beteiligte.

Meine drei Geschwister waren alle in Trondheim geboren und dort aufgewachsen, bis wir nach Frøya zogen. Von dort stammten mein Vater und seine Familie. Ich war der Einzige von uns, der nichts anderes als Frøya kannte. Meine Mutter, eine Engländerin, war meinem Vater nach Norwegen in die Hauptstadt von Trøndelag gefolgt und zog mit ihm und ihren vier Kindern weiter nach Frøya, als mein Vater Rektor an der hiesigen Dorfschule wurde. In den Sommerferien fuhren wir oft zu meinen englischen Großeltern nach Gants Hill, einer Londoner Vorstadt.

Dieser Kontrast zwischen dem winzigen Nest draußen am Meer und der Weltstadt London prägte meine Kindheit. Soll man es Zerrissenheit nennen? Auf der einen Seite war ich voll und ganz in der Natur Frøyas zu Hause, auf der anderen Seite wusste ich sehr gut, dass es eine Welt außerhalb der Insel gab. Ja, dass die Insel am Ende der Welt lag, eine mehr oder weniger exotische Provinz, weit entfernt von den bevölkerten Metropolen, in denen Kunst, Wissenschaft und Literatur mit einer anderen Art Wissen lockten, als es unsere Lehrer vermitteln konnten – oder als wir Schüler aufzunehmen bereit waren.

Seitdem lebe ich jedenfalls in dem Spannungsfeld zwischen Reidars praktischem Wissen über die Natur um uns herum und dem städtischen Bücherwissen meiner Mutter über die große, weite Welt.

Und mein Vater? Ich glaube, ihn reizte es ursprünglich, auf einer Insel zu wohnen, mit einem großen Garten, um Obst und Gemüse anzubauen, frischen Fisch von den örtlichen Fischern kaufen zu können und als Schulmeister eine Autorität im Dorf zu sein. Gleichzeitig denke ich heute – als Erwachsener –, dass er die Schönheit der Natur, die ihn umgab, gar nicht richtig erfasste. Dass er gewissermaßen an der Oberfläche blieb. Dabei war er ein sehr geselliger und umgänglicher Mensch, der gerne Erlebnisse und Anekdoten aus seinem Leben erzählte, von den vielen Reisen rund um die ganze Welt. Zu guter Letzt flüchtete er sich immer weiter in die Oberflächlichkeit, indem er viel mehr arbeitete als nötig – und sich jeden Abend mit einem Gin Tonic oder zwei betäubte. Es ist schwierig, die richtigen Worte zu finden für das, was ich meine, aber diese Gefahr droht vielen von uns. Das Leben lässt sich ja (scheinbar zumindest) an der Oberfläche am leichtesten aushalten, aber ich meine, geistig ermüdet das auf Dauer. Es erfordert Mut und Kraft, in die Tiefe oder die Höhe zu streben und sich komplexen Situationen zu stellen, für die es keine einfachen Lösungen gibt. Das Risiko ist die Ungewissheit. Die Belohnung ist eine Form nichtmateriellen Reichtums. Diesen Reichtum findet man sowohl in der Welt der Natur wie in der Welt der Kultur. Wenn man sich nicht traut, sich all dem Schönen und Bereichernden, das das Leben zu bieten hat, zu öffnen, was ist das Leben dann wert? Die Erkenntnis ist nicht neu, aber manchmal schwer umzusetzen.

Der alte Seefahrer in Samuel Taylor Coleridges Gedicht »Die Ballade vom alten Seemann« fasst das so zusammen: »He prayeth best, who loveth best.« Das Gedicht handelt, grob gesagt, von einem gedankenlosen Matrosen, der einen Albatros tötet, der sich auf einem der Masten niedergelassen hat, und dem Fluch, den seine Missetat für das Schiff nach sich zieht.

Der Seemann ist der einzige Überlebende, verurteilt dazu, die Botschaft vom Respekt vor allen Geschöpfen Gottes und der Liebe zu ihnen weiterzugeben – und vor dem alles umfassenden Wunder des Lebens.

Als mein elfjähriger Sohn Leon und ich bei Ebbe die freiliegenden Felsen in Lillesand abgehen und Plastikmüll auflesen und Baumstümpfe aufstöbern, die weit gereist sind, erzähle ich ihm von den Meeresströmungen und der langen Reise, die all das Treibgut hinter sich hat. Vielleicht kommt es von den Küsten Afrikas? Oder aus der Sargassosee? Vielleicht treibt auch das, was wir wegwerfen, mit derselben Strömung zurück in die Sargassosee. Denn es ist ja so, dass es eigentlich keine »sieben Meere« gibt. Die verschiedenen Namen der einzelnen Meere, die wir in der Schule lernen oder die schwarz auf weiß in den Atlanten stehen, sind ja nur ausgedacht und im Grunde irreführend. Es gibt nur ein Meer! Das sage ich ihm und denke bei mir, das ist ja eine fantastische Erkenntnis … Die großen Kontinente sind, wie man auf dem Globus genau sieht, eigentlich nur Inseln im riesigen Weltmeer.

Diese Geschichte ist eine moderne und vielleicht tristere Version der Märchen von Flaschenpostnachrichten in meiner Kindheit. Als Jugendlicher hörte ich *The Police* und ihren Song »Message in a Bottle«, und ich verstand die Botschaft des Songs. Denn ich war selbst einsam auf der Insel meiner Kindheit. Wie tröstlich war es, dass es viele andere Einsame auf anderen Inseln – sowohl realen wie im übertragenen Sinn – gab, die ihre imaginären Flaschenposten über das unfassbar große, aber allen gemeinsame Meer schickten! Im Songtext heißt es: »…a hundred billion bottles washed upon the shore« – vielleicht ist der Song das Lied unserer Zeit, auch ganz konkret?

Leon und ich kennen viele tolle Plätze in den Schären, zu denen wir gehen, oder Inseln und Holme, zu denen wir mit dem Boot fahren können. Im Herbst übernachten wir dort im Zelt, und wenn unser großes Lagerfeuer erlischt, genießen wir den unendlichen Sternenhimmel. Wir haben Orte, an denen wir tagsüber stundenlang herumlaufen; wir finden Stöcke zum Fechten, Steine mit Fossilien, Krabben und Fische und viele andere Schätze zwischen den Felsen, die die Ebbe freiliegt. Außer in den vier, fünf hektischen Sommerwochen haben wir diese Orte oft für uns ganz allein.

An einem besonders warmen Sommertag wollten wir wieder einmal mit dem Boot hinaus in die Schären fahren. Wir fanden einen kleinen Holm mit einer winzig kleinen Lagune. Das Kielwasser der Boote, mit denen die anderen Leute manchmal herumfahren, kann solche Orte nicht erreichen. Das war genau das Richtige für uns. Ich schaltete den Motor aus und ruderte den Rest. Wir hatten kürzlich im Fernsehen eine Sendung über die Galapagosinseln gesehen, und daher lag es natürlich nahe, dass wir unsere kleine Insel »Galapagos« nannten. Wir badeten, legten uns in die Sonne, und Leon fand alle möglichen Schätze auf dem Grund der Lagune. Unter anderem etwas, das er für einen kleinen Haizahn hielt und das auch wirklich so aussah.

Ich bin später noch oft mit dem Kajak dagewesen. Mit dem Boot war es zu schwierig, weil es nie wieder so windstill war wie damals. Weil direkt dahinter das offene Meer anfängt, ist der Wellengang fast immer zu stark. Also sind wir beide nie wieder zusammen dort gewesen – aber wir erinnern uns daran als einen ganz besonderen Ort.

Leon wünscht sich oft, dass wir auf die richtigen Galapagosinseln fahren. Und ich würde liebend gerne mit ihm dorthin. Gleichzeitig ist ihm bewusst, dass es in dem Dokumentarfilm, den wir uns angeschaut hatten, um die dunklen Schatten ging, die über Darwins einstigem Paradies liegen: Umweltverschmutzung und Tourismus. Leute, die von weither kommen, zum Beispiel von hier, aus Norwegen, mit Flugzeug und Schiff. Weil sie die »richtigen« Galapagosinseln erleben wollen. Aber die mystischen Eilande »versinken« sozusagen, wenn es einfach nur noch Inseln mit Leuten drauf sind, bevölkert nicht nur von Fernreisenden und Neugierigen, sondern auch von Forschern. Die ungezähmte wilde Vielfalt auf den Inseln, die Darwin zu seiner berühmten Evolutionstheorie inspirierte, wird heute genau kontrolliert.

Das erinnert mich ein bisschen an die Rentiere, Bären und Wölfe in den Nationalparks, die allesamt Sender tragen, oder an die Löwen, die von den Wildhütern überwacht werden. Alle Löwen haben Namen, wie Haustiere. Ab und zu denke ich, dass die Forscher Teil des Problems sind.

»Vielleicht ist es doch besser, wenn wir nicht dahin fahren«, sagt Leon.

»Die Menschen sind blöd!«, sagt er, ein bisschen böse, und will nicht mehr darüber nachdenken.

Leon ist elf Jahre alt. Und ich spüre einen Stich tief drin im Herzen, der sich durch den ganzen Körper fortsetzt. Das tut weh.

»Wir haben wenigstens unser eigenes kleines Galapagos und die ganzen anderen Orte«, versuche ich ihn zu trösten. Sind die nicht mindestens genauso naturbelassen? Vielleicht sogar wilder und dazu dünner besiedelt? Insofern exotischer, auf eine paradoxe Weise?

Zusammen mit Leon habe ich mir auch eine schöne und zugleich deprimierende Dokumentation mit dem Titel *The smog of the sea* (2017) angeschaut. Darin geht es um eine Expedition in einen Teil der Sargassosee, ins sogenannte Bermudadreieck.

Der amerikanische Meeresbiologe Markus Erikson teilt der Welt darin mit, dass die riesigen schwimmenden Plastikinseln auf dem Meer ein Medienmärchen seien – die Wirklichkeit, sagt er, sei viel schlimmer. Er nimmt viele bekannte Musiker, Künstler und Surfer mit auf die Reise, um so die maximale öffentliche Aufmerksamkeit für sein Anliegen zu erzielen, was ihm und seinem Team aus Meeresbiologen mit wissenschaftlichen Aufsätzen zu ihren Forschungsergebnissen niemals möglich wäre. Einer der Erzähler ist der Musiker Jack Johnson, der auch die Filmmusik beigesteuert hat. Am Anfang des Films erzählt er von seinem engen Verhältnis zum Meer und wie er als Kind mit seinem Vater an den Strand und ins Watt ging und surfen lernte und wie er das mit seinen Kindern jetzt genauso macht. Das ist also etwas, das wir kennen. Dann sagt er, das Meer sei für ihn immer noch eine Wildnis, die vielleicht letzte große Wildnis. Es sei so groß und endlos, und wir wissen immer noch nicht viel, was das Meer betrifft. Und welches Gewässer ist geheimnisvoller als das Sargassomeer, Ausgangspunkt und Ziel der Aale?

Hierhin fährt also die Expedition und untersucht das Wasser unter der Oberflächenschicht. Sie fördert winzig kleine Plastikstückchen ans Licht. Zu Anfang sehen sie klein und harmlos aus. Die Forscher müssen die Stückchen mit Pinzetten aus den Tangbüscheln pflücken. Nach einigen Wochen auf dem großen und anscheinend unendlichen Blau wird aber deutlich, dass diese kleinen Plastikstückchen wirklich überall sind, wo die Wissenschaftler ihre Netze auswerfen. Als das Schiff aus dem großen Blau wieder nach Hause segelt, sehen wir, dass es *Mystic* heißt. Ich merke, dass ich einen Kloß im Hals und Wasser in den Augen habe. Am Schluss des Films sieht man die Expeditionsteilnehmer wieder an ihrem heimatlichen Strand. Hier haben sie Plastikfeuerzeugen in Form eines Surfbretts ausgelegt, jedes einzelne (es sind mehrere hundert) aus dem Magen eines Albatros geholt.

Wir hören wirklich nichts anderes mehr. Die Bienen sterben aus, überhaupt die Insekten, ebenso der Dorsch, der Eisbär, der Sperber und der Kiebitz. Bald schon gibt es im Meer mehr Plastik als Fische, sagen die Forscher, und die alles überschattende, ziemlich abstrakte Klimakrise überwölbt alle deprimierenden Untergangsszenarien. Die fast religiöse Dimension der Dystopien scheint sich dabei sehr gut mit der kommerziellen Nachfrage nach ihnen zu vertragen.

Dass auch der Aal, dieses Wesen aus den geheimen Tiefen der Sargassosee und unserer eigenen Seen, vom Aussterben bedroht sein soll, hat mein Interesse geweckt. Als Angler einen Aal aus dem Wasser zu holen oder als Berufsfischer gewerblich Aale zu fangen, ist in Norwegen verboten – aber haufenweise Aale sterben in unseren Wasserkraftwerken, die wir doch als »grüne Energiequellen« bezeichnen. Ich fürchte, Aktivisten wie Frode wird es schwerfallen, etwas dagegen auszurichten. Wen kümmern in einem solchen globalen Zusammenhang schon Aale?

Als Kind der 80er-Jahre weiß ich noch, dass man damals Angst vor dem »Ozonloch« hatte. Das Haarspray war schuld. Die Angst vor dem Kalten Krieg wurde von einer echten Bedrohung abgelöst: dem radioaktiven Niederschlag aus dem Osten. Aus dem Süden kam saurer Regen. Es gab auch früher schon genug, wovor man sich fürchten konnte.

Vielleicht ist das Problem unserer Zeit gerade dieses Bedürfnis von uns Menschen, alles wissen und kontrollieren zu wollen, an allem herumzubasteln. Leon ist oft resigniert, wenn es um das Verhältnis des Menschen zur Natur geht. Die magischen Orte wie die Sargassosee und die Galapagosinseln existieren als solche nicht mehr. Was löste es aus, wenn man in jedem Zeitungsartikel, in jeder Radio- und Fernsehsendung, in Buchbestsellern und überall sonst nur von Krisen liest und hört?

Der Verlust der biologischen Artenvielfalt ist erschreckend. Auch wenn es einem übertrieben oder hysterisch vorkommen mag, vom sechsten Massensterben zu reden. Das vorige, fünfte Massensterben ereignete sich vor 65 Millionen Jahren, als die Dinosaurier ausstarben. Aber die vier Massensterben davor – bis hinauf zum ersten vor 600 Millionen Jahren – waren viel umfassender. Es klingt an den Haaren herbeigezogen, als wenn wir uns damit brüsteten, wenn wir uns jetzt im sechsten wähnen. Aber diesmal, so sieht es aus, geht der weltweite Verlust der Artenvielfalt als direkte Folge unserer menschlichen Aktivitäten tausendmal schneller als vor der Zeit des Menschen vonstatten, und das wirklich beängstigende Szenario ist daher, dass sich dieser Artenverlust im selben Tempo fortsetzt und ohne dass wir dazu kommen, die Konsequenzen für die Ökosysteme, für die Zusammenhänge und zu guter Letzt auch für uns selbst abzuschätzen. Auf einmal überkommt uns Panik, wenn wir erkennen, dass wir ja gar keinen Überblick haben, dass wir eine Entwicklung in Gang setzen, über die wir keine Kontrolle mehr haben. Deshalb blinken die Warnlichter gerade jetzt, da wir erkennen, dass wir, wenn wir noch etwas gegen diese Entwicklung tun wollten, es jetzt tun müssten.

Es kann sein, dass die biologische Artenvielfalt noch viel größer ist als angenommen. 1,7 Millionen Arten Tiere, Pflanzen und Pilze sind bekannt und eingeordnet. Aber man schätzt, dass es insgesamt acht oder neun Millionen weiterer Arten gibt – einige rechnen sogar mit bis zu 100 Millionen (!) Arten –, die weder bekannt noch katalogisiert sind.

Der Aal ist sowohl bekannt als auch eingeordnet, aber den meisten trotzdem so gut wie unbekannt, auch denen, die sich mit ihm befassen. Es ist nicht leicht, eine Umweltikone aus ihm zu machen, schleimig und schlangenartig, wie er ist. Wir wissen wenig darüber, welche Folgen es für das Ökosystem – und für Wirtschaft und Kultur – hätte, sollte der Millionen Jahre alte Aal verschwinden.

Forscher, Fischer und Aktivisten sind sich jedenfalls teilweise darin einig, dass wir vor großen Problemen stehen – aber Ursachen und Zusammenhänge haben viele Facetten, je nachdem, durch welche Brille man sie betrachtet. Während die einzelnen Fraktionen noch über ihre unterschiedlichen Realitätsauffassungen debattieren, wird mir immer klarer, dass es eine faszinierende Sache ist, etwas über den Aal an sich, aber auch über ihn im Rahmen einer größeren Geschichte unserer Zeit und des Verhältnisses zwischen Natur und Kultur zu erzählen. Dass Coleridges Erzählung vom alten Seemann mehrere unterschiedliche Geschichten und nicht nur eine einzige naturwissenschaftliche Wahrheit umfasst, macht sie umso faszinierender. Sozusagen als Antwort auf die abschreckende Trockenheit des Naturkundeunterrichts. Der Aal ist ganz einfach ein treffendes Beispiel dafür, wie wir Menschen uns zur Natur verhalten.

Es ist auch ein persönlicher Antrieb, der da an die Tür der kleinen Schutzhülle klopft, die ich mit Büchern, Teppichen und behaglichen Lesesesseln um mich herum gebaut habe. Ähnlich wie damals, als ich meinen ersten Aal am Haken hatte. Dass ich seinerzeit in meiner Einsamkeit und meinem Tatendrang im Sportangeln einen komplexen und anspruchsvollen Zeitvertreib fand, war ein Glück für mich. Die Suche nach konkretem und lexikalischem Wissen über Vögel und Fische führte mich in die Welt der Bücher. Dass ich den großen

Komposthaufen hinter der Garage umgrub – auf der Suche nach Regenwürmern, die ich als Köder verwenden wollte –, freute meine Mutter und meinen Vater. Dass sie sich beeindruckt zeigten über meine langen Wanderungen hinaus zu den Seen und sich freuten, dass ich mit schönen Forellen nach Hause kam – mit rotem Fleisch, das ein leckeres Abendessen gab –, bestärkte mich in dem Glauben, dass dies etwas sei, das ich beherrsche. Der lästige Beifang in Gestalt der Aale zerstörte diesen Glauben. Die hatten weder mit Essen noch mit Spaß etwas zu tun.

Mir fehlten damals die Voraussetzungen, um das zu begreifen, aber später habe ich gelernt, dass es gerade die Störungen sind, die interessant sind, das, was wir nicht unbedingt beherrschen und was wir nicht ganz verstehen. Das, was uns entgleitet. Das, was uns paradoxerweise einerseits ganz nahe und andererseits dennoch verborgen ist. Wenn dies dann auch noch als vom Aussterben bedroht definiert wird, geht es ans Existenzielle. Was sind wir noch, wenn wir es verlieren?

Es ist also eine Art Dunkelheit. Etwas, das man schwer in Worte fassen kann. Etwas wie ein großes Loch des Nichtwissens. Und dann ist es auch eine Art Ariadnefaden, mit dessen Hilfe man zur Lösung findet. Interessiert man sich für einen Gegenstand, merkt man oft plötzlich, dass er sich überall, wo man hinkommt, in den verschiedensten Formen wiederfindet. Das sind sozusagen Algorithmen der Wirklichkeit.

Und so ist es auch mit dem Reisen. Mit der langen Odyssee des Aals, während derer er unterwegs seine Form mehrmals verändert und sich nach und nach immer mehr von dem unterscheidet, der er beim Aufbruch war. Auf eine andere Art erkenne ich mich darin wieder.

Vielleicht sollte man nicht die Sargassosee suchen, sondern lieber alle anderen Aalorte? Die, an denen sich der Aal tatsächlich zeigt?

Ich verkünde meiner Familie, dass es in den nächsten Sommerferien mit dem Auto hinunter auf den Kontinent geht, »dem Aal auf der schleimigen Spur«! Sie sind nicht ganz so begeistert wie ich. Vielleicht kein Wunder. Es ist ja zuallererst eine persönliche Reise. Zu meiner jugendlichen Hin- und Hergerissenheit zwischen der reichen heimischen Natur auf Frøya und der reichen Kultur der Weltstadt London. Ich denke, ich werde auch eine Pilgerreise zurück nach Frøya machen, wo ich zuletzt vor gut 20 Jahren gewesen bin. Eventuell im See meiner Kindheit angeln. Vielleicht einen Aal? Ich habe bereits mit Vetter Frode ausgemacht, mich endlich mit ihm zu treffen, draußen am Storelva, wo er gegen den Wasserkraftwerksbetreiber kämpft. Frode hat mir gleich über 10.000 Seiten Aalforschungsberichte per E-Mail geschickt, noch während wir miteinander sprachen. Ich habe ein Gutteil davon gelesen. Mit einigen der Autoren habe ich auch Kontakt aufgenommen – und mir damit noch mehr Lesestoff eingehandelt. Zusätzlich habe ich mich durch mehrere Aalsachbücher und andere Quellen gearbeitet. Ich bin sogar einer speziellen Aalgruppe auf Facebook beigetreten, in der sich Aalbegeisterte aus der ganzen Welt zusammengefunden haben. Es gibt offenbar eine eigene Subkultur für die überraschend vielen Menschen, die von diesem Geschöpf fasziniert sind. Bekannte geben unverblümt zu, dass es langweilig sei, mich nur noch über Aale reden zu hören. Aber der Aal scheint mehr und mehr Platz einzunehmen, wohin ich auch schaue, auch wenn mein Leben und meine Arbeit auch ohne ihn schon abwechslungsreich genug sind. Da ich erfahren habe, dass es hier, wo ich wohne, auch schon »eine Menge Aal« und Aalhistorie gibt, entschließe ich mich, genau hier anzufangen. Ich bin schließlich schon eine ganze Weile davon überzeugt, dass man nicht weit reisen muss, um Erkenntnisse zu gewinnen, solange man nur fähig ist, genau hinzusehen.

Die Ballade vom alten Seemann

Ich wohne direkt am Meer, nur ein paar Hundert Schritte bis zum Steg sind es, an dem mein Boot liegt. Es ist genauso nah wie auf Frøya, wo die Meeresbrise zum offenen Kinderzimmerfenster hereinwehte.

Heute ist der 9. November, am Abend gehe ich in der Dämmerung hinunter – in kaum einer Stunde wird es ganz dunkel sein. Ich habe mich warm angezogen, mit mehreren Schichten unter dem Seemannsoverall, denn das Thermometer ist auf zwei Grad gefallen ist, und auf dem Wasser, das jetzt um einige Grad wärmer ist als die Luft, liegt Dunst. Das hell erleuchtete Boot *Asgeir Alvestads* gleitet an die Kante des Anlegestegs, und ich gehe an Bord.

Asgeir ist Sportangler. Sein Geld verdient er mit dem Vertrieb von Angelausrüstung des amerikanischen Angelhersteller Pure Fishing. Aber für Asgeir ist das Angeln mehr als ein Job, auch mehr als ein Hobby – es ist seine Leidenschaft. Er hat schon an vielen Angelwettbewerben teilgenommen, auch als Mitglied von Team Mustad. Asgeir ist auch schon norwegischer Meister gewesen, und er schreibt den meistgelesenen Angelblog Norwegens. Außerdem ist er ganzjährig Artenfischer. Das bedeutet, er beschäftigt sich damit, die besten Methoden und die optimale Ausrüstung zu finden, um gezielt bestimmte Arten zu angeln. Als ich klein war, hatten wir eine Handleine und wir wussten nie, was anbeißt, ob ein Dorsch, ein Köhler oder ein Heilbutt.

Warum ich »ganzjährig« betone? Weil es das Ziel ist, möglichst viele verschiedene Fischarten zu angeln. Innerhalb eines

Jahres kommen weit über 100 Arten zusammen. Die meisten wissen, dass es etliche unterschiedliche Fischarten gibt, können aber kaum welche benennen, und von denen, die sie kennen, wissen sie nicht, ob sie in den Gewässern in ihrer Umgebung vorkommen.

2017 war Asgeir einer der Experten der NRK-Fernsehsendung *Hvorfor biter fisken,* in der der TV-Moderator Rune Gokstad – und mit ihm der Zuschauer – erfuhr, »warum der Fisch anbeißt«. 2011 haben wir zusammen *Sjøfiskehåndboka* geschrieben, das »Handbuch der Meeresfische«. Wir wohnen beide in Lillesand, und unsere Söhne sind gleichaltrig und miteinander befreundet. Wir haben schon zahlreiche Angeltouren zusammen unternommen, aber so eine noch nicht: Nachtangeln im Dunkeln.

Ich will sehen, ob es stimmt, was er erzählt: Dass man überall Aale sieht, wenn man nachts auf Fischfang geht. Was im Widerspruch zur Behauptung der Forscher und Aktivisten zu stehen scheint, der Aal sei vom Aussterben bedroht.

»Als ich mit dem Boot aus dem Hafen raus bin, um hierherzufahren, habe ich einen gesehen, der im Hafen geangelt hat«, sagt Asgeir und lacht. »Er stand da und hat gerade versucht, einen großen Aal rauszuziehen. Es gibt so wahnsinnig viele von ihnen. Sie sind meist ein lästiger Beifang. Du wirst es gleich sehen«, sagt er und reicht mir eine starke Stirnlampe. Er selbst trägt eine noch stärkere über der Mütze.

Wir machen uns auf den Weg nach draußen, wobei im Bug ein starker Scheinwerfer das Meer vor uns ausleuchtet. Im Wasser hängen so viele Hummerreusen, dass wir aufpassen müssen, sie nicht zu überfahren. Die Hummerfischerei ist bei Hobbyanglern hier an der Sørlandsküste sehr verbreitet und hat eine lange Tradition. Fast so wie die Elchjagd im Binnenland. Die Saison beginnt jedes Jahr am 1. Oktober, danach sieht man überall in der Gegend die Reusen hängen. Ich selbst habe auch welche draußen. Wir haben uns mit noch drei anderen Haushalten in der Nachbarschaft zusammengetan und gehen mit insgesamt acht Reusen im Oktober auf Hummerjagd. Gewöhnlich fangen wir im Lauf dieses Monats um die acht Hummer, die wir in einer großen Vorratsreuse halten bis zum großen Hummergelage im Herbst, wenn wir sie mit Meeresfrüchten als Beilage und Champagner dazu verspeisen. Bestimmt 16 oder 17 Mal sind wir draußen, um die Reusen zu kontrollieren. Bei jeder Kontrollfahrt erbeuten wir nebenbei zwei Eimer Krebse. Wir essen im Oktober Krebse, bis wir sie leid sind, und dann das ganze restliche Jahr über kaum welche. Große rote Taschenkrebse, mit gutem Fleisch.

»Dass ihr daran Spaß habt! So viel Arbeit für so wenig Ausbeute«, meinte eine Dame gestern, die uns nach der Kontrollfahrt heimkommen sah.

Ja, stimmt, es wäre möglicherweise einfacher gewesen, Hummer zu kaufen. Es wäre wahrscheinlich nicht einmal viel teurer gewesen. Man hat ja auch Ausgaben für Benzin und Ausrüstung. Hummerreusen sind sehr teuer. Und es gibt auch immer mehr Vorschriften für die Hummerfischerei. Der Hummer darf weder zu klein noch zu groß sein, mindestens 25 Zentimeter von der Schnauze zur Schwanzspitze, und nicht größer als 32 Zentimeter. Ist er kleiner oder größer, muss man ihn zurück ins Wasser werfen, das gilt ohnehin, wenn der Hummer Rogen trägt. Neu ist auch, dass Teile der Reusen aus zerreißbarem Baumwollstoff sein müssen. Eine gute Idee, denn so wird verhindert, dass verlorene Reusen nach der Saison als »Geisterfischer« weitermachen. Aber das bedeutet auch, dass die Hummerfischer die teure Ausrüstung jedes Jahr ausbessern müssen. Ich kann mich noch gut an die alten Holzreusen erinnern. Alles wird komplizierter. Und deshalb haben wir bei unserem Hummeressen darüber diskutiert, ob wir dieses Jahr vielleicht das letzte Mal auf Hummerfang gegangen sind. Wir wären nicht die Einzigen, die damit aufhören würden. Uns ist aufgefallen, dass es viel weniger Reusen draußen gibt als in den Jahren zuvor. Ist die Tradition am Aussterben?

Das wäre wirklich schade. Was der Dame am Kai nämlich nur schwer verständlich zu machen war, ist das, worum es dabei eigentlich geht und was den Reiz am Hummerfang ausmacht: Qualitätsfleisch aus dem eigenen »Hinterhof« zu bekommen, draußen in der Natur zu sein, die Jahreszeiten intensiv zu erleben und den Reichtum zu sehen und den Überschuss abzuschöpfen. Der Hummer steht nicht auf der Roten Liste. Ganz im Gegenteil, der Bestand ist absolut gesichert. Das ist hier in der Gegend schon so, seit die Holländer im 17. und 18. Jahrhundert herkamen und Hummer fischten, weil es hier so enorm viele davon gab. Sie transportierten in ihren Booten lebende Hummer und Aale. Und Baumstämme – es heißt, Amsterdam stehe auf Eichenpfählen aus sørländischen Wäldern. Die holländischen wurden zuerst von deutschen, dann von dänischen Booten abgelöst, die auf dieselbe Art wie die einheimischen Fischer die Bestände abfischten und die gefangenen Aale lebend aufbewahrten, um sie zu Hause verkaufen zu können.

»Der Aal ist der gewöhnlichste Fisch, in alten Zeiten genauso gewöhnlich wie Butter«, schreibt der erste norwegische Chronist Peder Claussøn Friis in seinem 1599 entstandenen und 1633 gedruckten Werk *Norriges oc Omliggende Øers sandfærdige Besschriffuelse* (»Wahrhaftige Beschreibung Norwegens und der umliegenden Inseln«). Friis beschreibt, wie die Küstenbewohner Aale fangen, die sich im Sommer auf den Weg aus dem Süßwasser ins Meer machen, und dass der Aal an der ganzen Küste als nahrhaftes und wohlschmeckendes Nahrungsmittel gilt, während die Bauern im

Binnenland ihn als »Schlangenbrut« bezeichnen. Es wird deutlich, dass der Autor die Bauern für beschränkt und unwissend hält. Es ist durchaus möglich, dass die Küstenbewohner schon eine große Vielfalt an Meeresfrüchten kannten und sie auch dem einen oder anderen zum Verzehr empfahlen, der diesen ungewöhnlichen Tieren gegenüber Vorbehalte hatte. Auf jeden Fall nahm der Export von Tieren wie Aalen und Hummern stetig zu.

Während der Chronist Peter Dass die nordnorwegischen Regionen beschrieb, behandelte der Dichter und Historiker Peder Claussøn Friis, der in Lindesnes an der Südspitze Norwegens lebte, die Geschichte Südnorwegens. Friis war einer der ersten Sachbuchautoren in einer Zeit, als Norwegen eine Art nationaler Wiedergeburt erlebte. Sowohl Friis als auch Dass waren Geistliche, die noch in der Tradition des Mittelalters standen. Friis war einer der Ersten, der die Werke von Snorri Sturluson ins Norwegische seiner Zeit übersetzte und damit die Erinnerung an die ruhmreiche Wikingerzeit wiederbelebte.

Friis schreibt in *Norriges oc Omliggende Øers sandfærdige Besschriffuelse,* dass der Aal im ganzen Land verbreitet sei, abgesehen vom hohen Norden und den Höhenlagen, und erwähnt zwei Theorien zu seiner Ernährungsweise: Die einen würden behaupten, dass sich der Aal vom Tau des Meernebels ernähre, während die anderen vermuteten, dass er von Schleim und Bodensatz lebe. Interessanter ist die Schilderung »der wunderlichen Sache«, dass jedes Jahr die Aale aus »jedem vierten Gewässer« herauskommen und sich auf unterschiedliche Weise ihren Weg ins Meer suchen, und sei es über Land, wenn sie müssen, und dass diese nicht wieder dorthin zurückkehren, woher sie kommen, sondern im Meer verschwinden.

Er schreibt auch, dass man kleine Aalbabys im Magen von Dorschen und anderen Fischen gefunden habe. Es ist ungewiss, ob es sich wirklich um pigmentierte Glasaale gehandelt hat, die der Dorsch gefressen hat, oder ob es sich um Parasiten des Dorschs oder anderer Fischarten handelte. Aber alle ernährten sich von Aalen, die Fische wie auch die Menschen, sagt er, außer denen, die tief im Binnenland leben.

Friis wird übrigens von Pehr Kalm in seiner äußerst populären *Resa in Norra America* (»Reise nach Nordamerika«) erwähnt, die 1753 erschien. Kalm war einer der vielen Schüler des berühmten Naturforschers Carl von Linné, er hatte sich zum Ziel gesetzt, das neue Land Amerika zu bereisen, um darüber ein topografisches und kulturgeschichtliches Werk zu schreiben. Für uns ist die Beschreibung, die Kalm von seiner eigenen schwedischen Westküste und der norwegischen Südküste lieferte, heute nicht weniger spannend. Er hatte reichlich Gelegenheit dazu, denn durch die Winterstürme lag sein Schiff wochenlang in Grimstad fest, das damals Grømstad hieß und ein wichtiger Hafen an der Sørlandsküste war.

Kalm kann Friis aber nicht sehr genau gelesen haben, weil er behauptet, alle Norweger hielten den Aal für »Schlangenbrut« und äßen ihn daher nicht, während er selbst kurz zuvor noch die Aalfischerei an der Bohuslänsküste im Südosten Norwegens beschrieben hatte. Auch Kalms örtlicher Gewährsmann widersprach ihm und sagte, er habe »noch nie gehört, dass jemand keinen Aal esse oder möge!«.

In der Gegend würden viele Austern gefischt und gegessen, schreibt Pehr Kalm.

Interessanterweise sagt Kalm, dass es in jenem Jahr – 1747 – eine große Diskussion über die Hummermengen gegeben habe, die die Holländer fischten. Man meinte, es gebe viel weniger Fische als früher, und das stehe sicher im Zusammenhang mit den großen Hummerfängen. Auch die Zahl der Seevögel sei heute (1747) wesentlich geringer als früher, und das liege an den kalten Wintern der vergangenen Jahre. Laut Kalm war ein weiterer Unterschied zwischen der schwedischen und der norwegischen Küste im 18. Jahrhundert, dass man in Norwegen die besten Naturerzeugnisse oft exportiere und andererseits vieles importiere, was man gut selbst hätte produzieren können. Butter, Käse, Fett, Fleisch, Salz und Kleidung würden aus Island, Irland und Dänemark eingeführt. Weil die ganze Gesellschaft sich in so hohem Maße auf den Handel mit begehrten Lebensmitteln gründe, sei deren Preis enorm gestiegen.

Von meinem Wohnort sind es mit der Fähre kaum ein paar Stunden bis nach Frøya. Es ist fast genauso weit wie von Frøya in die Stadt nach Trondheim. Wir sind fast jedes Jahr nach Dänemark gefahren, nicht zuletzt, um mit den Kindern Legoland zu besuchen, und hier habe ich auch Aal gegessen. Räucheraal mit Rührei und Roggenbrot, dazu ein Glas Bier – das schmeckt einfach köstlich.

Ich wusste nicht, was ich mit dem Aal anfangen sollte, den ich am Angelsee meiner Kindheit am Haken hatte, aber wie sich herausstellt, gilt der Aal in fast jedem anderen Land außer in Norwegen als begehrte, exklusive Speise.

Ich wende mich an den *Norges sjømatråd*, den Interessenverband der Fischereibranche, um mir das Unglaubliche bestätigen zu lassen: Der Fisch- und Meeresfrüchtekonsum der Norweger ist bemerkenswert einseitig. Etwas mehr als ein Drittel macht heute der Zuchtlachs aus, fast ein Drittel entfällt auf den Dorsch, der Rest zum überwiegenden Teil auf Garnelen. Nur ein paar lausige Prozent beträgt der Anteil all der anderen zahlreichen Arten von Fisch, Schalentieren und sonstigen Meeresfrüchten, die an unserer Küste, die ja in ganz Europa die längste ist, so reichlich vorhanden sind. Das hört sich zwar merkwürdig an, stimmt aber mit dem allgemeinen Eindruck überein. Der

Durchschnittsnorweger scheint über den Reichtum des Meeres nicht besonders viel zu wissen. Die enormen Gewinne, die wir einem einzigen Schatz des Meeres zu verdanken haben, dem Erdöl, scheinen uns blind zu machen für die älteren Schätze an der Küste, die lange das Wirtschaftsleben und die Kultur prägten. Seeleute, Fischer, Bootsbauer und all die anderen, die an der Küste noch wirklich Bescheid wussten, sind in den letzten Jahrzehnten verschwunden, ihre Berufe wirken antiquiert oder sind ausgestorben.

Beim *Sjømatråd* erfahre ich auch, dass der Konsum von Fisch und Meeresfrüchten bei jungen Menschen drastisch zurückgeht, und zwar bei allen – bei Kindern, Jugendlichen und jungen Erwachsenen. Dieser Trend ist nicht nur in Norwegen, sondern auch in anderen am Meer gelegenen Staaten zu beobachten.

In einer seiner letzten Sendungen vor seinem Tod besuchte der US-Fernsehkoch Anthony Bourdain zusammen mit befreundeten kanadischen Köchen Neufundland. Dort ist, lange vor Kolumbus, Leif Eiriksson an Land gegangen. Die Neufundländer haben dasselbe Problem wie wir. Die einseitige – und nicht einmal besonders ertragreiche – Ausbeutung der Dorschbestände für den Export im großen Stil hat bei den Neufundländern zu einer geradezu paradoxen Entfremdung vom Rest ihrer Meeresressourcen geführt. Mittlerweile scheint sich das langsam wieder zu ändern. Der langanhaltende Einbruch beim Dorschfang und die erforderliche Umstellung, aber auch junge Köche, die im Ausland Erfahrung gesammelt haben und mit neuen Ideen zurückkommen, tragen dazu bei, dass die Neufundländer ihr enormes Potenzial wieder neu entdecken, unabhängig vom Dorsch.

Noch vor wenigen Jahrzehnten aßen wir in Norwegen mehr Hering als Lachs und Dorsch. Es gab noch keinen Zuchtlachs, und wenn Lachs auf den Tisch kam, dann Wildlachs, der allerdings teuer war. Wir aßen Dorsch wie heute auch, aber daneben auch jede Menge Hering. Hering aß wirklich jeder! Die große Nachfrage und das Fehlen einer nachhaltigen, vernünftig regulierten Fischerei führten dazu, dass die Bestände vor der norwegischen Küste in den 1960er-Jahren zusammenbrachen. In den 1970er-Jahren folgte ein Fangverbot. Das Überleben der Bestände hing an einem seidenen Faden, die rigorose Notmaßnahme war dringend geboten. Nach einem knappen Jahrzehnt des Totalschutzes erholten sich die Bestände wieder und sind heute mehr oder weniger stabil – aber in den Jahrzehnten zuvor, als der Hering immer teurer wurde und schließlich wegen des Fangverbots gar nicht mehr verkauft wurde, geschah etwas anderes.

Als ab 1983 wieder Heringe gefangen werden durften und in den 1980er- und 1990er-Jahren wieder in den Handel kamen, stellte sich heraus, dass die Menschen in der Zwischenzeit ganz einfach aufgehört hatten, Heringe zu essen. Heute gehen 99 Prozent (!) des norwegischen Heringsfangs in den Export und nur ein Prozent bleibt für den Binnenmarkt.

Die Lachszucht dagegen hat in genau dieser Zeit einen enormen Aufschwung erlebt. Man kann leicht nachvollziehen, dass eine der Ursachen für die Einseitigkeit im Umgang mit den vielfältigen Schätzen des Meeres darin besteht, dass der nach einiger Zeit überall erhältliche Lachs, der zudem noch viel schmackhafter war, den knappen Hering mit seiner zähen Haut und seinen vielen Gräten komplett verdrängte.

Die Frage – beziehungsweise die gedankenlose Äußerung – der Dame auf dem Kai hängt mit den in Folie eingeschweißten Fleisch- und Fischfilets in den Supermarktregalen und mit unserer wachsenden Entfremdung von der Natur zusammen. Diese

Naturentfremdung ist bei Großstadtmenschen verständlich, aber es ist paradox, dass sie auch bei denen anzutreffen ist, die wie wir mitten in der Natur wohnen und sie kaum übersehen können.

Es ist natürlich viel einfacher, zu Hause vor dem Fernseher zu sitzen und, zum Beispiel, eine Naturdoku über die Serengeti zu schauen. Viele wissen ja inzwischen mehr über die Tierwelt Afrikas als über die vor ihrer eigenen Haustür.

Das war auch auf Frøya so, viele, die dort lebten – am äußersten Rand der Inselwelt vor der Küste –, fuhren nie hinaus aufs Meer. Versuchten nie zu fischen. Hier in Lillesand kenne ich viele, die nie einen Fuß auf eine der Schären gesetzt haben. Wie kann man mitten in der Natur wohnen und ihr trotzdem so fern sein? Und da die Entfremdung schon hier draußen so groß ist, wundert es einen nicht, dass sie in den Großstädten noch ein ganz anderes Ausmaß annimmt.

Neulich stand im englischen *Guardian* ein Artikel darüber, dass die Kinder heute verschiedene Zeichentrick- und Comicfiguren leichter benennen können als die Tier- und Pflanzenarten in der heimischen Natur. Dass die Fische alle nur »Fisch« heißen, und Pflanzen, Bäume und Tiere alle nur »das da«. Es verkümmert ja nicht nur die Sprache. Wie sollen diese Kinder sich dann Sorgen machen, wenn eine einzelne Art, wie etwa der Aal, verschwindet? Oder andersherum: Wie sollen sie den ungeheuren Reichtum begreifen, wenn ihn die Gesellschaft, die Medien heutzutage nicht mehr vermitteln können?

Darüber denke ich nach, als wir auf dem Wasser in die Dunkelheit hinausfahren. Niemand außer uns ist unterwegs. Wer fährt schon an einem düsteren Herbstabend mit dem Boot aus?

»Ich habe versucht, den Leuten zu erklären, was mich umtreibt, aber es gibt nicht viele, die es verstehen«, sagt Asgeir. »Besonders schwierig ist es, wenn ich mit der Stirnlampe in einer Bucht herumleuchte, in der vielleicht die Hummerfischer ihre

Reusen ausgebracht haben. Die denken dann, da sind Diebe unterwegs, die ihre Reusen ausrauben und die teuren Hummer stehlen wollen, die ja oft Tausende von Kronen wert sind. Keine Frage: Ich kann sie verstehen, denn diese Diebstähle kommen immer wieder vor. Bei solchen Begegnungen versuche ich dann zu erklären, warum ich das mache. Aber es ist nicht immer leicht, Verständnis zu finden.«

Es ist kein Wunder, dass wir alleine sind. Ich würde hier draußen nie spazierenfahren, denke ich, während ich der weißen Gischt der Wellen zusehe, wie sie um die gezackten dunklen Schären schwappen, die hier und da im Schein von Asgeirs starker Lampe auftauchen. Es ist stockfinster. Man sieht kaum die Konturen von Wasser und Land. Es sind gewissermaßen Schattierungen der Dunkelheit. Schwarz, grau und dunkelblau. Wo der Lichtkegel hintrifft, leuchtet alles auf und wirkt plötzlich bunt und lebendig.

Asgeir hat das schon oft gemacht und ist mit dem Fahrwasser bestens vertraut, und so gelingt es auch mir, mich zu entspannen. Das Boot zu steuern, ist ganz allein seine Sache, ich kann das Erlebnis in vollen Zügen genießen. Draußen am Horizont im Süden sehen wir ein strahlendes rotes Licht hervorbrechen und größer und größer werden – es ist der Vollmond, der gerade aufgeht. Zuerst als große und rote Scheibe, eine Art unwirkliche, weit entfernte brennende Kugel, und nach einer Weile dann so, wie wir ihn kennen: als große strahlende Lampe, die schwer über Meer und Land hängt.

Als ich aufblicke, ist das ganze Himmelsgewölbe dicht an dicht mit Sternen übersät. Hier draußen, ohne die vielen Lichter im Ort, ist der Sternenhimmel klar und überwältigend.

Wir fahren in mehrere Buchten, um die richtigen Bedingungen zu finden. Die Oberfläche muss ganz ruhig und glatt sein, damit wir mit dem Scheinwerfer bis auf den Meeresgrund leuchten und die Fische sehen können. In der dritten Bucht ist es so weit. Das Boot gleitet leise hinein. Asgeir schaltet den großen Außenborder am Heck ab und den kleinen elektrischen am Bug ein. Um über alle Untiefen hinwegzukommen, reicht er völlig. Der Motor kann ferngesteuert und auf GPS-Koordinaten eingestellt werden, sodass das Boot an der Position bleibt und nicht abtreibt, wenn wir anhalten und angeln. Zu beiden Seiten des Bootes sind insgesamt sechs verschiedene leichte Angelruten mit Haken und Bleisenkern vorbereitet, und Asgeir holt ein Tablett mit den Ködern hervor, die auf die Haken der verschiedenen Angeln kommen. Er hat Anchovis, Sprotten, lebende und künstliche Sandwürmer und gekochte Garnelen. Diese klein gehackten Köstlichkeiten, die wie eine Tapasfüllung aussehen, sind speziell für Plattfische. Auf dieser Angeltour hat Asgeir es besonders auf Flundern abgesehen. Die würden sich auf ihre Tarnung verlassen und ganz still liegen, wenn man sie anleuchtet, erklärt er. Viele andere Fischarten kümmern sich gar nicht um das Licht und schwimmen unverzagt weiter, während wir sie klar und deutlich sehen. Aale und Meerforellen hingegen würden das Licht nicht mögen und sich verziehen. Sie würden auch nicht anbeißen, wenn sie angeleuchtet werden, erklärt er.

Der Lichtschein unserer Stirnlampen ist hell und stark, und wir haben einen guten Überblick über die Bucht. Hier gibt es ein paar Bootshäuser und Fischerhütten, und ein Stück weiter oben auch noch einige Häuser und Hütten. Und hier sehe ich die Senkkästen an der Oberfläche schwimmen, vermutlich voller wertvoller Hummer. Ich gestehe, dass ich ein bisschen nervös werde angesichts der Vorstellung, dass womöglich gleich ein paar Hummerfischer auftauchen, in der Annahme, dass wir Diebe sind. Ich versuche, den Gedanken daran zu verdrängen. Was nicht allzu schwer ist, wenn der Blick dem Licht hinunter ins Wasser folgt, wo sich mir ein großes Aquarium darbietet – ohne Wände. Wir sehen den Sandboden, hier und dort liegen etwas Aalgras und Steine. Über dem Boden schwimmen eine Menge kleiner Fische.

»Zwergdorsche«, sagt Asgeir, der natürlich weiß, mit welchen Fischen er es hier zu tun hat.

Hier und da schwimmt auch der eine oder andere Dorsch. Es sind kleine Exemplare. Dazwischen sehen wir Pollacken, die in diesem Licht seltsam grau schimmern und deren Augen das Licht reflektieren. Und dann finden wir Plattfische. Zuerst Flundern und Sandflundern. Aber die sind weder als Speisefisch begehrt noch für Sportangler besonders reizvoll. Es gibt eine Menge von ihnen. Dann sehe ich eine Scholle und versuche sie zu angeln. Sie ist beißwillig und nimmt den künstlichen Wattwurm, den ich ihr anbiete, gerne an. Das Angelzeug ist leicht, fast wie die selbst gemachten Ruten, die wir als Kinder hatten. Die geringe Gegenwehr der Scholle hält es ohne Weiteres aus. Die Scholle ist ein guter Speisefisch, also nehme ich sie mit nach Hause.

Die Spannung bei dieser Angeltour liegt, so scheint es, vor allem darin, den Fisch zu finden. Das ist nicht ganz leicht, weil er sich ja gut tarnt. Wenn die Flundern ganz still und teilweise im Sand vergraben liegen, musst du nicht nur ein-, sondern zwei- oder dreimal hinschauen, bevor du siehst, dass da ein Fisch ist und nicht bloß der Sandboden.

Plötzlich kommt etwas wirklich Großes in Sicht: ein prächtiger Glattbutt. Wie ein Kanaldeckel liegt er auf dem Boden. Asgeir zündet rasch alle Lichter an und wirft Köder aus. Diese große Flunder ist aus dem Meer hierher in die Buchten gekommen, um in der Nacht zu jagen. In der Dämmerung wirkt sie zuerst ganz uninteressiert, aber nach einer halben Stunde zeigt der Köder endlich Wirkung und es tut sich etwas. Plötzlich biegt sich die Angelrute bedrohlich, die kleine Spule schreit auf. Nach kurzem Kampf haben wir den »Kanaldeckel« in den großen Kescher bugsiert und heben den Fang an Bord. Genau in dem Moment, als der Fisch an Deck klatscht, bricht der Stiel des Keschers, und der Haken löst sich aus dem Kiefer des Fisches. Aber das spielt keine Rolle, der Fisch ist uns sicher und liegt, im Licht der Stirnlampen, in geradezu unwirklicher Hässlichkeit direkt vor unseren Füßen.

»Das ist ja ein Rekordfisch!«, sagt Asgeir mit bebender Stimme.

»Hast du eine Waage dabei?«, frage ich.

»Na, klar«, erwidert Asgeir und holt sie hervor.

Der Plattfisch wiegt etwas über 3,8 Kilo.

»Das ist neuer norwegischer Rekord!«, freut sich Asgeir.

Wie sich herausstellt, weiß er das deshalb so genau, weil er auch den bisherigen Rekord von 3,6 Kilo hält. Der Fisch, den wir hier an Bord haben, ist der größte jemals mit der Rute gefangene Glattbutt.

Den Rest des Abends ist Asgeir überglücklich, er strahlt übers ganz Gesicht. Alles Weitere ist für ihn jetzt nur noch ein Bonus. Aale habe ich allerdings noch keine gesehen. Wir fahren weiter und leuchten noch mehrere Glattbutte an und versuchen, sie an den Haken zu bekommen. Ich fange einen, der rund ein Kilo wiegt. Auch ein schöner großer Fisch, aber kein Vergleich zu dem ersten Fang – wir lassen ihn wieder zurück ins Wasser. Dann entdecken wir einen Steinbutt – aber er ist nicht interessiert. Der Köder irritiert ihn nur, und er schwimmt seines Wegs. Überall sehen wir jetzt Schollen und Sandflundern. Asgeir erzählt, dass es hier normalerweise auch Rotzungen, Seezungen und noch einige weitere Flunder- und Buttarten gebe, und nicht zu vergessen andere Fischarten.

Asgeir nickt zustimmend, als ich sage, man könne fast meinen, dass die südnorwegische Küstennatur zu Unrecht als artenarm bezeichnet werde.

»Sie ist mindestens so artenreich wie die im Norden. Vielleicht haben einige Arten ihr größtes Vorkommen im Norden, aber im Süden gibt es auch viele und teils andere Arten. Das Bild ist jedenfalls viel uneinheitlicher, als es vermittelt wird. Dass im Norden die Küstennatur artenreicher und reiner als im Süden sei oder generell in kalten Meeresströmungen artenreicher als in warmen, ist ein typisches Vorurteil, das vielmehr auf Vermutungen und auch auf ideologischer Voreingenommenheit beruht als auf echtem Wissen. Denk nur an die enorme Artenvielfalt in den tropischen Warmströmungen«, sagt Asgeir und seufzt. Dieses Vorurteil sei so fest verwurzelt, dass es schon wie »Fluchen in der Kirche« klinge, wenn man das Gegenteil – von dem wir ja beide überzeugt sind – behaupte.

Die Scholle ist allgemein als hochwertiger Speisefisch bekannt, aber Glattbutt und besonders Steinbutt sind wirkliche Gourmetfische. Um einen Steinbutt serviert zu bekommen, muss man ganz schön tief in die Tasche greifen. Kein Wunder, denn er schmeckt köstlich und die Konsistenz des weißen Fleischs ist außerordentlich zart. Jedem, der einmal einen Steinbutt gegessen hat, ist klar, dass das etwas ganz Besonderes ist.

Asgeir, der so viel angelt, setzt die meisten Fische, die er fängt, wieder ins Wasser zurück. Aber natürlich hat er zu Hause auch genug guten Fisch zum Essen. Und so darf ich einen Großteil unseres gemeinsamen Fangs vom Abend mitnehmen. Man stelle sich nur vor, was für eine Auswahl man hier draußen hat! Direkt vor der Haustür ist die Auswahl an frischem Qualitätsfisch in jeder Hinsicht besser als das, was die Fischkühltheken in den beiden Supermärkten und sogar der Fischmarkt vor Ort zu bieten haben. Wahrscheinlich ist sie auch umfangreicher als in den besten Fischmärkten Bergens, Stavangers und Oslos. Das sollte einem zu denken geben. Hinzu kommt noch, dass es einfach Spaß macht, selbst zu angeln. An diesem Abend sitzt zur selben Zeit die Dame vom Kai vielleicht vor dem Fernseher. Und eventuell schaut sie sich ja gerade eine TV-Dokumentation über die Serengeti an. Was wir an diesem Abend erleben, ist so toll, dass man es auch hätte filmen können, aber ich weiß, dass kein noch so guter Film sie dazu bringen würde, selbst in die Natur hinauszugehen und sie in echt zu erleben.

Inzwischen sind wir auf dem Rückweg und steuern Sunde und Buchten weiter drinnen im Fjord an und entdecken noch mehr Leben unter der Wasseroberfläche. Im etwas tieferen Wasser wimmelt es von kleinen Heringen, die zum Teil einzeln, zum Teil in Schwärmen unterwegs sind. Es gibt hier sehr Aalgras, das viele Arten als Versteck nutzen. Wir sehen eine Reihe kleiner Meerforellen, die zusammen mit Zwergdorschen und Kleinfischen schwimmen. Wenn unser Licht auf sie trifft, stieben sie auseinander. Drinnen im Aalgras liegt noch ein größerer Dorsch. Und dann registrieren wir, wie sich dort drin etwas windet: ein Aal! Erst einer, dann noch einer. Sie schwimmen umher, auch über den Sandboden, vor dem sie leichter auszumachen sind.

Im Schein der Stirnlampen schimmern sie grau, ihre Augen blinken. Sie mögen das Licht nicht und versuchen, sich im Seegras zu verstecken. Dazu schwimmen sie gleichzeitig rückwärts und seitlich. Finden sie kein Versteck, machen sie einen plötzlichen Ausbruch und rasen davon wie die Meerforellen, mit raschen, schlangenartigen Bewegungen. Ein faszinierender Anblick. Geschöpfe der Nacht. Aale bekommt man ja kaum zu Gesicht, und deswegen scheint man zu glauben, es gebe keine mehr. Vielleicht also ein Wahrnehmungsproblem, denn es gibt sie – auch hier. Jetzt, mit der Lampe vor der Stirn und dem Boot, mit dem wir rasch verschiedene Stellen ansteuern können, liefert Asgeir einen Beleg für seine Behauptung: Es gibt massenhaft Aale hier! Wir entdecken immer mehr, je tiefer wir in die Schären und den inneren Bereich des Fjords vorstoßen. Ich habe schon lange aufgehört, zu zählen.

Wenn man den Aal in seinem Element betrachtet, bietet er einen schönen Anblick. Es handelt sich eben nicht um eine glitschige, schleimige Schlange, sondern um ein graziöses Wesen, das sich in Wellen und Windungen durch das Aalgras bewegt.

Ich erinnere mich, wie ich mir am Ufer des Hammarvatnet vorstellte, ich könnte unter die Wasseroberfläche schauen und das verborgene Leben unter Wasser sehen. Was ich mir damals in meiner Fantasie ausmalte, passiert gerade in Wirklichkeit – es ist unbeschreiblich schön!

Wir haben viele verschiedene Arten Flundern gesehen, mehrere Dorscharten, Heringe, Pollacken und Zwergdorsche, Krebse und Meerforellen. Und außerdem jede Menge Aale. Ganz weit innen im Fjord, als wir auf der anderen Seite schon die Lichter des Ortes sehen, schauen wir in eine flache Bucht hinein, die ich gut kenne. Hier komme ich immer mit meinem Boot oder auch mit meinem Kajak vorbei. Oft gehe ich mit Leon hinten im Wald auf dem Weg über der Bucht spazieren. Wir richten unsere Lampen ins Aalgras. Es kann nicht verbergen, dass hier Dutzende Aale liegen und sich zwischen den Büscheln winden. Aale in jeder Größe. Manche sind klein und zappelig, andere riesig groß, wie dicke Schläuche. Wir können deutlich erkennen, wie sie mit ihren Flossen manövrieren. Hier mündet der kleine Fluss Moelva in den Fjord, aus dem sie wahrscheinlich gekommen sind. Der Steg, an dem mein Boot liegt, befindet sich genau gegenüber am anderen Ufer. Auch hier schwimmen zahlreiche Aale, genau unter dem Steg. Mit eigenen Augen sehe ich, dass es nur ein paar Hundert Schritte von meinem Arbeitszimmer (in dem ich gerade sitze und schreibe) entfernt von Aalen wimmelt.

Wie hängt das zusammen? Wie kann der Aal als vom Aussterben bedroht gelten, wenn es gleichzeitig direkt hier an meinem Wohnort ganz offensichtlich so viele davon gibt?

Ich hatte es ja schon gehört, zum Beispiel von dem alten Berufsfischer Einar Blix aus Lillesand. Aber ich habe das, was er mir erzählt hat, nicht ganz für bare Münze genommen. Fischer stehen den Untersuchungsergebnissen oder Prognosen von Forschern meistens skeptisch gegenüber, denn ihre Erfahrungen decken sich nicht immer mit den Analysen der Experten.

Blix ist 86 Jahre alt und arbeitet immer noch als Fischer.

»Ja, es gibt viel Aal hier draußen. Hat es auch die ganze Zeit immer gegeben. Heute gibt es weder mehr noch weniger als früher«, sagt Einar einmal, als wir uns begegnen und ich ihm erkläre, worüber ich schreibe.

Die Fangstatistik beim Fischgroßhändler Skagerrakfisk in Kristiansand zeigt ganz deutlich, dass die Aalfischerei an der Küste im Süden früher eine viel größere Rolle gespielt hat, als man heute meint. Diese Statistik reicht bis in die 70er-Jahre zurück. Alleine von den Küsten der Provinzen Agder und Telemark kamen jährlich rund 400 bis 500 Tonnen Aal. Das ist schon an sich kein kleiner Fang, wenn man bedenkt, dass der normale Aalverzehr pro Person unter zwei Kilo pro Jahr liegt. Auch östlich der Telemark, im Oslofjord und vor Østfold, wurde noch Aal gefischt, und außerdem drüben an der Westküste vor Rogaland und Hordaland. Einige dänische Händler haben außerdem direkt von Süßwasserfischern gekauft. Es war damals Tradition im Binnenland, dass die Bauern ihre Aalkisten in einen Bach oder Fluss stellten – anfangs für den Eigenbedarf, später als lukrative Zusatzeinnahme, als die dänischen und deutschen Händler kamen, die so viele Aale kauften wie sie nur kriegen konnten und gut dafür bezahlten. Das Volumen dieses Fangs ist bei Skagerrakfisk nicht registriert worden, daher kann man die Gesamtmenge der Aalfischerei in der Provinz Agder um einiges höher ansetzen als die offiziellen Zahlen. Allein für die Sørlandsküste kämen wohl – selbst bei sehr vorsichtiger Schätzung – um die 300 000 Aale pro Jahr hinzu.

Einar wohnt schon sein ganzes Leben draußen in den Schären. Er ist in einem Haus auf der Insel Svinøya aufgewachsen, in dem er auch heute noch lebt. Auf einem kleinen Holm direkt hinter dem Landungssteg steht seine Fischerhütte, vollgestopft mit altem und neuem Angelequipment. Da hängen Leinen an den Wänden, Schwimmer und Tonnen, Haken und Reusen, Tauwerk und ein großes Netz, das er als eine Art Senkreuse vom Steg aus ins Wasser hängt, um lebende Fische darin aufzubewahren. Seine Hütte wirkt ein bisschen wie ein Heimatmuseum zum Thema Küstenfischerei. Ich sage absichtlich Museum, denn Einar ist wahrscheinlich der letzte Überlebende der traditionellen Küstenfischer. Diejenigen, die heute noch so arbeiten, kann man jedenfalls an einer Hand abzählen. Es gibt zwar wieder ein paar Fischer in den letzten Jahren, aber die sind hauptsächlich auf Lippfische für die Zuchtbetriebe aus. Junge Leute, die einen Vollzeitjob auf See wollen, müssen auf ein großes Fabrikschiff, das weit entfernt von den heimatlichen Küsten seine Netze auswirft. Dieses System mit den ganzen Vorschriften und Quoten führte mit dazu, dass den Gemeinden längst erfahrene Fischer fehlen, die wie Einar die Tradition weitergeben können. Natürlich fehlt deswegen auch das Wissen über und der Kontakt mit dem Lebensraum der Fische.

Schon als Jugendlicher – vor, im und nach dem Zweiten Weltkrieg – brachte Einar sich selbst bei, zu fischen und zu jagen. Die Natur bot fast alles, was man brauchte. Er geht immer noch fischen. Ich sehe ihn fast jedes Mal, wenn ich hier draußen bin. Wie lange hält er noch durch? Will er denn nicht in Rente gehen?

»Nein, warum sollte ich denn? Es ist so schön hier draußen. Es ist ein Privileg. Solange noch ein Funken Leben in mir ist, mache ich weiter.« Sein wettergegerbtes Gesicht strahlt. Er ist ein Paradebeispiel dafür, dass schon der Aufenthalt in der Natur sehr gesundheitsfördernd wirkt.

Seit seiner Jugend ist Einar Zeuge großer Veränderungen an dieser Küste gewesen. Die größte vollzog sich in den 1980er-Jahren, als kurzsichtige Kommunalpolitiker den gesamten Schärengürtel unter den Bürgern aufteilten – jedenfalls unter denen, die reich genug waren und ein großes Boot hatten. Das war zu der Zeit, als die Einheimischen den Reichtum des Meeres und die Naturschönheit der Schären immer weniger nutzten – es sei denn, als sommerliches Badegewässer. Nur das volkstümliche Hummerfischen überlebte, und in den letzten Jahren erwachte das Interesse an der Meerforelle wieder. Der Staat hat den Regierungsbezirken und Kommunen mit Zuschüssen geholfen, einen Großteil der an Privatleute veräußerten Schären zurückzukaufen. Es scheint so zu sein, dass man sich hier an der Küste wieder mehr auf die alten Traditionen besinnt und sie bewusst pflegt, weil sie einem für vieles die Augen öffnen können. Doch womöglich ist es für manche Gegenden schon zu spät.

Man muss bedenken, dass genau an diesem Küstenstrich – an der Sørlandsküste – die allerersten Norweger anlandeten. Sie kamen in kleinen Booten über einen schmalen Meeresarm vom damaligen Doggerland (der heutigen Doggerbank) in die Schären herüber, nachdem die Gletscher der Eiszeit geschmolzen waren. Die ältesten menschlichen Überreste, die in Norwegen gefunden wurden, gehören Sol, einer Frau aus Søgne. Das war auch meine erste Anlaufstation hier, in der Heimat meiner Frau. Sol ist über 6000 Jahre alt und ernährte sich von den Reichtümern des Meeres und der Küste, die ihr Volk hierhergelockt hatten.

»Auch wenn es hier inzwischen verdammt überlaufen ist, gibt es doch immer noch eine reiche Natur, die immer noch viel im Übermaß zu bieten hat. Früher gab es noch jede Menge Alke, die wir jagten, es gab Heringe und Makrelen, und es gab Dorsche, Hummer und Aale. Den ganzen Sommer über fischten wir Aale, die wir in Senkreusen sammelten und lebend nach Dänemark verkauften. Es kam eigens ein Schiff über den Skagerrak, das einen großen Laderaum hatte, in dem die lebenden Aale transportiert werden konnten. Die Händler bezahlten gut«, erzählt Einar und zeigt mir ein altes Foto, auf dem das Schiff abgebildet ist.

Das Foto ist auf einer Postkarte von 2006, die Tor und Hans aus Fredrikshavn in Dänemark geschickt hatten, die früher mit den Aalfischern der Sørlandsküste zusammengearbeitet haben. Auf der Karte stehen Dank und Grüße nach Jahrzehnten der guten Zusammenarbeit. »Allen Aalfischern in Norwegen.«

»Die bekam ich ein paar Jahre, bevor das Verbot in Kraft trat. In den letzten Jahren war es dann eine andere Firma, die Aale aufkaufte und mit großen Lastwagen transportierte. Aber dann kam ja das Totalverbot für die Aalfischerei, 2010 war das«, erzählt Blix.

Als Rettung für die Aalfischer erwies sich die rasch wachsende Nachfrage nach sogenannten Lippfischen. Das ist ein Sammelbegriff für Barschartige wie den Gefleckten Lippfisch, den Klippenbarsch, die Goldmaid, den Kuckuckslippfisch, den Kleinmäuligen Lippfisch und andere. Diese oft sehr farbenprächtigen

Fische, die wirken, als kämen sie von einem Korallenriff, finden sich an der ganzen Küste in ziemlich großen Vorkommen, weil sie nie befischt wurden. Besonders viele gibt es vor Sørland, weil der Schärengürtel ihnen gute Lebensbedingungen bietet.

Für die immer zahlreicheren und immer größeren Zuchtlachsfarmen stellt die Lachslaus, ein Fischparasit, ein gewaltiges Problem dar, nicht zuletzt, weil man sie auf schonende Weise kaum loswerden kann. Die zufällige Entdeckung, dass Lippfische die Bestände auf natürliche Weise von der Lachslaus befreien, führte dazu, dass die Nachfrage nach Lippfischen explodierte. Entlang der ganzen Küste, besonders in Sørland, werden jetzt große Mengen Lippfisch gefangen. Es ist fast so etwas wie eine eigene Lippfisch-Branche entstanden, zu der selbstverständlich auch spezielle Aufzuchtbetriebe für Lippfische zählen – also Zuchtfarmen für Fische, die den Parasiten eines anderen Zuchtfisches fressen. Wieder einmal wundere ich mich, was der Mensch doch für einen abnormen Drang hat, die Natur zu beherrschen und zu kontrollieren. Kann man so etwas tatsächlich noch als »natürlich« ausgeben, oder ist es nicht vielmehr eine Pervertierung des Natürlichen?

Diese sogenannte Aquakultur ist in Norwegen inzwischen ein größerer Wirtschaftszweig als die Fischerei. Der traditionelle Fischer ist durch den Fischzüchter ersetzt worden. Das gilt in allerhöchstem Maß auch für Frøya, das jetzt eine der größten Lachszuchtkommunen im Land ist. Die Lippfische, die Einar hier in den Schären vor Lillesand fischt, wo ich wohne, leisten also auch in den Lachsfarmen meiner Kindheitsinsel gute Dienste.

Der Grund, warum Einar so sicher ist, dass es auch weiterhin reichlich Aale geben wird, ist der, dass er und insgesamt 30 andere ehemalige Aalfischer und jetzige Lippfischfischer an einem umfassenden Versuchsfischen an der norwegischen Küste zu Forschungszwecken teilnehmen. Lippfische werden mit den gleichen langen schlauchförmigen Schleppnetzen gefangen wie Aale; es ist also nicht schwierig, die Aalfischerei wieder aufzunehmen. Jetzt haben die Forscher also eingesehen, dass sie das Praxiswissen der Fischer für ihre Arbeit nutzen können. Caroline Durif, die führende Aalforscherin Norwegens, hat dieses Projekt des Havforskningsinstituts – des Norwegischen Meeresforschungsinstituts – in Bergen zusammen mit Anne Berit Skiftesvik initiiert. Sie möchte der südlichen Außenstelle des Instituts in Flødevigen einen Besuch abstatten und hat mich eingeladen, sie zu begleiten. Ich bin gespannt, auf unser Treffen, denn meine Fragen sind nicht weniger geworden, seit ich dem alten Aalfischer Einar Blix zugehört und selbst gesehen habe, was Asgeir im scheinbaren Widerspruch zur Ansicht der Forscher festgestellt hat: dass das Meer direkt vor meiner Tür vor Aalen nur so wimmelt.

Die Durif-Methode für den »norwegischen« Aal

Um kurz vor sieben finde ich mich am Kai der Meeresforschungsstation Flødevigen in Arendal ein. Die Berufsfischerin Lise Fløistad Andersen und ihr Sohn warten bereits an der Anlegestelle. Reidun Bjelland und Caroline Durif vom Havforskningsinstitutts hoffen auf einen großen Fang. Die beiden Meeresforscher sind skeptisch. Letztes Jahr gab es an fünf Stellen ein erstes Aaltestfischen unter wissenschaftlicher Aufsicht. Die Ergebnisse waren ziemlich mager.

»Aber ich weiß nicht, ob die Schleppnetze an der richtigen Stelle ausgebracht wurden«, zwinkert mir Lise zu. Sie nimmt die Forscher auf den Arm. Es ist offensichtlich, dass sie vieles weiß, was die Forscher nicht wissen – sie versteht ihr Handwerk eben, und das ist die Fischerei. Gute Wissenschaftler sind nicht unbedingt auch gute Fischer.

Genau aus diesem Grund haben das Havforskningsinstitutt und Caroline Durif 30 Berufsfischer aus Südnorwegen überredet, am Forschungsfischereiprogramm mitzuarbeiten. Die Forschung ist auf die Sachkenntnisse der Fischer angewiesen ist, endlich arbeiten Fischerei und Wissenschaft zusammen.

Die Fischer dürfen insgesamt 20 Tonnen Aal fangen und davon einen Großteil verkaufen. Der Rest geht an die Forscher, die die Aale vermessen und wieder auszusetzen; einige werden seziert. Vorläufig hat die Sache noch einen kleinen Haken für die Fischer, denn sie dürfen den Fang nur auf dem norwegischen Markt und nicht im Ausland verkaufen, und in Norwegen gibt es kaum eine Nachfrage nach Aal – wie übrigens auch nicht mehr nach Hering. Aber 20 Tonnen sind nicht andererseits auch so viel, wie es sich anhört. Und für Lise geht es ohnehin nicht um große Gewinne bei ihrer Entscheidung, an dem Programm teilzunehmen.

»Das Ganze bringt ein bisschen Extrageld, natürlich, aber es ist vor allem unglaublich interessant. Es ist gut, wenn die Kenntnisse aus der Praxis angewandt werden.«

Caroline Durif ist eigentlich Französin und mitten in der Metropole Paris aufgewachsen. Sie studierte Biologie und verbrachte ein Großteil ihrer Zeit im naturgeschichtlichen Museum in Paris. Heute wohnt sie nicht mehr in Frankreich und auch nicht mehr in einer Großstadt, sondern weit draußen auf Austevoll, einer Insel vor Bergen, eine Stunde Fahrzeit mit der Schnellfähre entfernt. Die Wahl ihres Wohnorts hat mit ihrem Forschungsschwerpunkt zu tun, dem Aal. Carolines zwei Kinder sprechen inzwischen den Austevoll-Dialekt, wie sie selbst auch, mit französischem Akzent. Ich muss natürlich an meine Familie denken, an meine Mutter, die aus London nach Frøya kam. Dass ich zwar auf Frøya aufgewachsen bin, mich dort aber nie als Einheimischer gefühlt habe. Vielleicht geht es Carolines Kindern ähnlich wie mir damals. Auch wenn sie auf einer Insel an der norwegischen Küste leben, werden sie wissen, dass es außerhalb ihrer Welt Millionenstädte gibt, dass das eine ganz andere Welt ist. Vielleicht ist man in einer Millionenstadt manchmal sogar einsamer als auf einer Insel an der norwegischen Küste.

Mein 15 Jahre älterer Bruder hatte mal eine französische Freundin, die aus Arcachon stammte. Zu der Zeit lebte ich noch auf Frøya. Sie hat uns ein paarmal auf der Insel besucht, auf, und ich war einmal in Arcachon, gelegen vor einer Lagune, perfekte Bedingungen für die Austernzucht. Wahrscheinlich auch für Aale. Aber kaum ein Franzose weiß – und ich wusste es auch nicht, als ich in Arcachon war –, dass in Frankreich die meisten Aale in Europa gefischt werden. Aber wie in Norwegen wird der Großteil davon exportiert.

Auf Austevoll hat Caroline einen Schuppen errichtet, in dem sie Glasaale in großen Wannen hält. Sie untersucht, wie sich Alle am Erdmagnetfeld orientieren. Ihre vorläufigen Ergebnisse haben über Fachkreise hinaus internationales Aufsehen erregt. Im Juni 2017 veröffentlichte die *New York Times* einen ausführlichen Artikel über sie und ihre Arbeit. Caroline ist unbestritten eine der führenden Aalexpertinnen Norwegens; bei der jährlichen internationalen Tagung zum Thema Aale des ICES (International Council for the Exploration of the Sea) repräsentiert sie Norwegen.

Im Schuppen auf Austevoll verändert Caroline das Magnetfeld in der Strömung des Wassers und beobachtet, wie sich die Aale danach orientieren. Sie fand heraus, dass die kleinen Glasaale und Aallarven einen angeborenen inneren Kompass besitzen, der Faktoren wie Tiden, Strömung und Sonne/Mond berücksichtigt. Das ist interessant, wenn man an die große, verborgene Reise der kleinen Aallarven mit dem Golfstrom denkt, und wie sie rechtzeitig von diesem Strom »abspringen« und sich durch einen der vielen Zehntausend Süßwasserläufe am Mittelmeer, auf den Britischen Inseln, an der Ostsee und am Nordmeer vorarbeiten. Wie schaffen sie es den richtigen Fluss zu finden, da sie doch die Reise zum ersten Mal machen? Wie es ist möglich, dass sie genau dort landen, von wo ihre Väter und Mütter einst aufgebrochen sind? Und dann noch die Länge der Reisen: Als ausgewachsene Aale aus den Süßwasserlebensräumen zurück ins große Meer, hinunter in die tiefsten Tiefen des mystischen Sargassomeers; als Larven und Glasaale den Weg aus der Sargassosee heraus und dorthin zurück, woher die Eltern kamen – diese Wanderungen gehören zu den faszinierendsten in der Tierwelt.

Zusätzlich zum eingebauten Kompass, der trotz aller möglichen Manipulationen wundersamer Weise stets den richtigen Weg weist, haben die kleinen, durchsichtigen Glasaale auch eine Art Gezeitenuhr. Die Gezeitenuhr und das Sensorium für das Erdmagnetfeld befähigen diese kleinen, so zerbrechlich aussehenden Fischchen, aufs Genaueste zu navigieren.

Caroline hat außerdem eine Methode entwickelt, mit der sie das Reifestadium der Aale bei deren Wandlung vom Gold- zum Blankaal feststellt. Die Durif-Methode besteht vereinfacht gesagt darin, Augen, Körperlänge und Flossen zu vermessen.

Wir fahren also heute mit einer weltberühmten Aalforscherin hinaus aufs Meer. Es ist aber keine überheblich wirkende Wissenschaftlerin, die hier neben uns sitzt, sondern eine neugierige Zuhörerin, die durchaus zupacken kann.

»Ja, natürlich habe ich schon Aal gegessen«, sagt sie. »Schmeckt mir gut.« Lise hat auch schon Aal probiert, kann dem Geschmack aber weniger abgewinnen. Lises Sohn und Reidun rümpfen nur die Nase – sie haben weder Aal probiert noch haben sie es vor.

Reidun Bjelland beschäftigt sich eigentlich mit Lippfischen. Heute fungiert er als Carolines Assistent. Nachdem das Boot abgelegt und Reidun das Thema aufgebracht hat, diskutieren wir schon eine ganze Weile darüber, ob Fleischkonsum ethisch zu rechtfertigen ist. Caroline sagt, dass sie kaum einen Unterschied zwischen Gänseleber und gewöhnlicher Leberpastete aus der Dose im Supermarkt feststellen kann. Sie bekennt freimütig, dass sie beides sehr lecker findet.

»Mag ja sein, aber kann man es verantworten, dafür die Ethik über Bord zu werfen?«, fragt Reidun. Darauf gibt es keine einfache Antwort. Das Verhältnis zwischen Natur, Fleischkonsum und Ethik ist komplex. Caroline weiß zu berichten, dass Aal auf dem Speiseplan der amerikanischen Ureinwohner gestanden habe, frisch wie geräuchert. Als die Pilgerväter 1621 am Plymouth Rock in Massachusetts angelandet und ihre Vorräte zur Neige gegangen waren, half ihnen ein Indianerhäuptling, indem er ihnen zeigte, wie man Aale fängt und zubereitet. Daher habe es einst den Vorschlag gegeben, an Thanksgiving statt des obligatorischen Truthahns lieber Aal auf den Tisch zu bringen.

Und schon sind wir bei *kabayaki* – die japanische Art, Aal (*unagi*) zu servieren. Gerade diesen Fisch kann man auf sehr viele Arten zubereiten, in fast allen Ländern gibt es besondere Aalgerichte, von denen Caroline viele probiert hat. Eine Wissenschaftlerin, die Aal, ihren Forschungsgegenstand, auch kulinarisch wertschätzt – während die anderen im Boot sich vor Aalen ekeln. Anders als vermutlich viele ihrer norwegischen Kollegen, die mitunter ein sehr vereinfachendes, ideologisch einseitiges Verhältnis zur Natur haben – im Sinne von: es gibt nur Gut oder Böse, Schwarz oder Weiß –, worin sich nicht selten ein ähnliches Maß an Engstirnigkeit zeigt wie im Naturkundeunterricht in meiner Schulzeit, hat Caroline nicht die Absicht, auf diese Delikatesse, die es in ihren Augen ist, zu verzichten.

Warum ich von diesem Geplänkel an Bord hier so ausführlich berichte? Weil ich es wichtig finde, dass Wissenschaftler die Natur auch als Nahrungsquelle, also auch unter dem Gesichtspunkt der Nutzung und nicht nur unter dem des Naturschutzes, sehen. Wenn man sich einer bestimmten Sache oder einem Thema intensiv widmet, kann man leicht den Überblick verlieren – ja, man kann, wie Einar Blix oder Asgeir Alvestad es ausdrücken würden, »kurzsichtig« werden. Caroline Durif ist in dieser Beziehung in meinen Augen ein positives Gegenbeispiel. Als Spezialistin in ihrem Fachgebiet, in dem sie zu den führenden Kapazitäten weltweit gehört, verliert sie dennoch nicht das große Ganze aus den Augen, sondern bleibt offen für das, was man Komplementärwissen nennen könnte.

Whow! Es klingt wie ein Fanfarenstoß, den wir alle fünf im Boot unisono ausstoßen, als Lise das Schleppnetz einholt und wir sehen, was sich darin an Leben bäumt und windet.

Als sie das Ende des Netzes über Wanne öffnet, quellen Aale, Lippfische, Strandkrabben und etliche Kleinfische heraus, dazu ein kleiner Dorsch. Reidun sortiert rasch den Beifang aus, während Lise und ihr Sohn das Netz an Ort und Stelle sogleich wieder ausbringen. Hier, vor der Mündung des Nidelva, ist das Wasser flach und nährstoffreich, die vielen Schären und reichlich Aalgras bieten zahlreiche Verstecke.

Die Stimmung an Bord ist heiter und gelöst, wie gewöhnlich beim Fischen, wenn der Fang gut ist. Die Wissenschaftler sind überrascht über die Anzahl der Aale im Schleppnetz, im Gegensatz zu Lise, die das bereits vorausgesagt hatte.

»Ist ein ganz guter Platz hier«, sagt sie und grinst.

Die Besatzung setzt sich aus zwei deutlich voneinander unterschiedenen Teams zusammen: die Fischer in orangefarbenem Ölzeug, die Forscher in blauem. Ich selbst sitze im Bug und beobachte. Die Wissenschaftler haben zu tun, die Fischer machen unterdessen Pause und schauen zu. Es ist sehr anstrengend, mit Aalen zu hantieren, weil sie nicht nur glitschig, sondern auch sehr kräftig sind und sich selbst dem stärksten

Griff entwinden. Aber die Forscher haben herausgefunden, dass man sie mit einer kleinen Dosis Nelkenöl soweit ruhigstellen kann, dass sie sich auf das Maßband legen und eine PIT-Marke – eine magnetische Identifikationsmarke – in die Bauchhöhle schieben lassen. Nachdem der Aal gewogen und vermessen ist, darf er wieder ins Wasser zurück. Ein paar Sekunden wirkt er wie tot, die Möwen, die über uns kreisen, kommen ihm schon gefährlich nahe. Aber dann erwacht er zum Leben und schwimmt – oder besser gesagt: aalt sich – hinunter in den Schutz des Aalgrases.

Einer der Aale hat eine Bissnarbe hinten am Körper, vermutlich von einem Seevogel, einer Scharbe, meint Caroline. »Gute Reise nach Sargasso!«, rufe ich den Aalen nach, die wir aussetzen. Die Forscher lachen. Lise fragt: »Ja, glaubst du?« Als ob sie nicht so ganz überzeugt ist, dass diese Aale sich wirklich auf die weite Reise begeben.

Bis zum frühen Nachmittag haben wir sechs Netze an Bord gezogen, jetzt muss Lise los, um Lippfische auszuliefern. Insgesamt haben wir 160 Aale registriert, gemessen, gewogen und viele davon markiert. Alle Schleppnetze, die wir ausgebracht haben, waren voll.

Das Fanggebiet, in dem wir gefischt haben, ist ziemlich überschaubar, und Caroline und ich gehen davon aus, dass, wenn sich schon in diesen sechs Netzen zusammen 160 Exemplare fanden, es auf dem Meeresgrund vor Aalen wahrscheinlich nur so wimmelt.

»Das ist ein gutes Fanggebiet. Früher wurden hier Tausende Schleppnetze zum Aalfischen ausgebracht«, betont Lise noch einmal. Caroline ist vom Fangergebnis positiv überrascht. Sie stellt eine Ad-hoc-Hypothese auf: »Ich glaube, dass nicht alle diese Aale aus dem Fluss kommen, viele werden sich hier im Seewasser vor der Mündung dauerhaft aufhalten, weil es nährstoffreich und einfach ein gutes Revier für sie ist.« Genau das wird sie jetzt weiter erforschen. Unter anderem, indem sie die Otolithen der Aale studiert, die »Steine« in ihren Ohren.

Während wir allein an Bord hantierten, hat Caroline erklärt, worin der Unterschied zwischen den laichbereiten Aalen und solchen, die es noch nicht sind, besteht. Die zum Laichen bereiten Aale, die wieder auf dem Weg zurück ins Meer sind, haben vergrößerte Augen. Der Unterschied ist deutlich. Von kleinen goldenen Augen zu großen blauen Augen. Auch die Kopfform ist verändert, die abwandernden Aale haben eine spitzere Schnauze. Der wichtigste Unterschied ist aber der, den die Wissenschaft schon lange kennt: die Hautfarbe. Süßwasseraale sind ursprünglich gelblich, mit einem braunen Rücken. Daher nennt man sie auch Gelbaal. Wenn sie ins Meer zurückwandern, werden sie heller, entweder ganz weiß oder weiß mit einem graueren oder schwarzen Rücken. Die Haut ist auch zäher und fester. Sie werden dementsprechend Blankaal oder Silberaal genannt. Die meisten, die wir heute gefangen haben, waren noch ziemlich klein, eindeutig Gelbaale mit kleinen Augen und der abgerundeten Schnauze. Aber wir hatten auch einige Blankaale dabei, erkennbar an ihren vergrößerten Augen und der spitzen Schnauze. Bei den Gelbaalen ist Caroline sich nicht sicher, ob sie alle aus dem Süßwasser kommen oder ob sie ganz einfach hier in diesem Gebiet leben. Sie erzählt, dass die letztjährige Markierungsaktion, durch die sie die Aalwanderung von hier aus ins Meer verfolgen konnten, ergeben hat, dass die Aale »schubweise« aus der Flussmündung ein wenig nach draußen wandern, sich jeweils eine Zeit lang aufhalten, bevor sie im immer salzigeren Wasser in zunehmender Tiefe weiterwandern.

Caroline ist eine gewissenhafte Forscherin, zu klug, um Antworten zu präsentieren, bevor sie die entsprechende Fragen wirklich abschließend geklärt hat.

Nachdem wir wieder in Flødevigen angelegt haben, geht es vom Boot gleich ins Labor – nach dem Fischen kommt das Forschen. Caroline und Reidun stehen inmitten von weißen Plastikschieblehren, Skalpellen, Pinzetten, Plastikschalen, Trockenwalzen und jeder Menge Messinstrumenten. Einen Teil der Aale wollen sie sezieren. Der Mageninhalt wird überprüft, ebenso die Schwimmblase, in der sich zahlreiche Schwimmblasenparasiten der Art *Anguillicola crassus* nachweisen lassen. Das ist ein ursprünglich asiatischer Parasit, der in Ladungen lebender Aale aus Asien überall in Europa eingeschleppt worden ist, auch in norwegische Gewässer, wo er seit den 1980er-Jahren auftritt. Einige Forscher glauben, dass solche Parasiten die Tauchfähigkeit der Aale beeinträchtigen und einer der Gründe für den Rückgang des Aals sind. Sie vermuten, dass die von diesem Parasiten befallenen Aale den Weg in die Sargassosee nicht schaffen.

Aber Schwimmblasenparasiten, die oft selbst wie winzig kleine Aale aussehen, sind in Wirklichkeit nichts Neues. Tom Fort beschreibt in seinem *Book of eels*, wie der Forscher Francesco Redi im Italien des 17. Jahrhunderts eine bis dahin allgemeine Annahme widerlegte: dass die Aalbabys im Magen der Mutter lebten. Redi, ein Philosoph und Arzt, der auch auf dem Gebiet der Parasitologie forschte, fand heraus, dass die Wesen im Magen Parasiten sind. Er beschrieb – zum ersten Mal seit Aristoteles' schon ziemlich zutreffender Erklärung –, wie die ausgewachsenen Aale aus den Flüssen ins Meer abwanderten. Er hatte behauptet, dass die Aale hier laichen und dass die kleinen Aallarven dann wieder in dieselben Süßwassergewässer zurückschwämmen. Alles beruhte auf Empirie und stimmt daher mit dem Zyklus der abwandernden Gelbaale und Blankaale und den kleinen Aalen, die denselben Weg zurückschwimmen, überein. Dass die Sargassosee ihr Ursprung und Ziel war, daran dachte noch niemand. Das fand der dänische Biologe Johannes Schmidt erst in den 1920er-Jahren heraus. Nachdem Redi schon im 17. Jahrhundert Schwimmblasenparasiten im Mittelmeer beschrieben hat, wirkt die Erklärung, die Aalbestände seien möglicherweise wegen des asiatischen Schwimmblasenparasiten zurückgegangen, ein bisschen dünn – auch wenn Letzterer im Gegensatz zu den laut Redi bereits zuvor vorhandenen Arten »neu eingeschleppt« ist. Darauf hat die Forschung vorläufig noch keine befriedigende Antwort.

18 Prozent der Aale, die Reidun und Caroline an diesem Tag sezieren, sind mit Schwimmblasenparasiten infiziert. Diese Parasiten finden sich bei Aalen eigentlich nur in ihrem Süßwasserleben beziehungsweise noch kurze Zeit nach ihrem Übertritt ins Salzwasser. Daraus lässt sich folgern, dass mindestens diese 18 Prozent erst kürzlich aus Flüssen in der unmittelbaren Nähe gekommen sind. Was so etwas wie einen Gegenbeweis zu Carolines Vermutung darstellen würde, dass Aale womöglich auch dauerhaft im Schärengürtel leben. Gleichwohl ist aber immer noch nicht ausgeschlossen, dass es hier eine relativ große Anzahl Aale gibt, die nicht aus den Süßwassergewässern in der Nähe gekommen sind. Kann es sein, dass einer der Gründe dafür, dass es so viele Aale hier im Meer an der Sørlandsküste gibt, der ist, dass einige von ihnen lieber in diesem günstigen Lebensraum bleiben, anstatt die gefahrvolle Reise die Flüsse hinauf zu wagen, wo Hindernisse, Regulierungen und mit Tod durch Schreddern

drohende Turbinen auf sie warten? Und wenn dem so sein sollte, woher wissen sie, was ihnen bevorsteht? Wie wird so etwas kommuniziert, oder wird es intuitiv erfasst?

Ein anderer interessanter Gedanke kommt einem, wenn man sich die klassischen Illustrationen zu Aalwanderungen aus der Ostsee anschaut. Caroline holt einige Studien und Karten auf den Bildschirm. Die Punkte und Strecken, die zeigen, wo markierte Aale sich bewegt haben, bilden Linien. Alle Aale aus Schweden, Finnland, dem Baltikum, Polen, Russland, dazu einige aus Deutschland sowie die von der dänischen Ostküste scheinen auf ihrem Weg in die Sargassosee derselben Wanderungsroute zu folgen. Sie schwimmen zunächst bis an die norwegische Küste – aus der Ostsee – und folgen ihr dann weit hinauf, vorbei an der Sørlandsküste, wo wir uns gerade aufhalten, und fast bis nach Frøya. Dort biegen sie ab, ziehen nördlich, dann westlich an den Britischen Inseln vorbei und nehmen mit dem Golfstrom – oder richtiger: dem Nordäquatorialstrom – Kurs in die Sargassosee. Es sieht also so aus, als ob ausgerechnet die beiden Orte auf der Welt, die ich Heimat nennen würde – Lillesand und Frøya –, die beiden wichtigsten »Hotspots« für Aale sind.

Reidun setzt einen Schnitt in den Kopf eines toten Aals und fischt geschickt und sicher zwei pfenniggroße Steinchen heraus, die zu beiden Seiten des Aalhirns sitzen: die Otolithen. Sie dienen als eine Art Fahrtenschreiber. In vergrößerten und eingefärbten Aufnahmen kann man deutliche Jahresringe erkennen, wie in einem Baumstamm. Wir sind uns einig: Die Aufnahmen in verschiedenen Blautönen sind wunderschön, reine Kunst. Später im Winter postet Carolin ein Foto, das einen vereisten Tümpel auf einer Schäre vor Austevoll bei

Ebbe zeigt. Es sieht genauso aus wie der Otolith mit den blauen konzentrischen Ringen.

Dass der Fang bei unserem Fischzug so reichlich ausfallen würde, hatten die beiden Wissenschaftler nicht erwartet. Liegt es daran, dass sie Berufsfischer – die immer gesagt haben, es stehe »gut um den Aal« – für sich arbeiten lassen? Oder daran, dass der Aal seit 2010 in Norwegen unter Naturschutz steht? Sind unter diesen Aalen möglicherweise auch zugewanderte aus der Ostsee? Ist die norwegische Küste ganz einfach eine der aalreichsten Europas? Und ist es wirklich widersinnig, dass sich die Norweger am wenigsten um den Aal kümmern, oder rührt das gerade daher, dass es hier so viele gibt?

Caroline weist darauf hin, dass langjährige Beobachtungsfangserien in den Flüssen das Gegenteil dessen belegen, was wir hier vorfinden. Für die Imsa, einen mittelgroßen Fluss nahe Stavanger, liegen verlässliche Zahlen aus vielen Jahren vor. Das Norsk institutt for naturforskning (NINA) betreibt hier seit 1975 eine Forschungsstation mit einer Fischfalle, in der man die stromauf und stromab wandernden Fische registriert: Lachse, Forellen und Aale. Auch wenn das nur ein Fluss unter vielen ist und von einem Flusssystem zum anderen große Unterschiede bestehen (unser heutiger Fang könnte darauf hindeuten), liefert seine Fangstatistik jedenfalls Tendenzen für die Entwicklung des norwegischen Aalbestands.

Was den Forschern bei der Station an der Imsa am meisten ins Auge fällt, ist der ausgeprägte Rückgang sowohl bei den stromauf wandernden Glasaalen und Steigaalen wie bei den stromab wandernden Gelbaalen und Blankaalen. Den größten Rückgang gab es bei den Glasaalen und Steigaalen. Als die Zählungen in den 70er-Jahren begannen, wanderten jährlich bis zu 50 000 kleine Aale die Imsa hinauf. In den letzten Jahren sind es im Durchschnitt nur mehr rund 2000. Es gibt gewaltige Schwankungen von Jahr zu Jahr; bis jetzt ist kein Zyklus oder Rhythmus in den Aalwanderungen erkennbar. 2014 zählten die Biologen über 8000 Steigaale, aber 2011 waren es erschreckender Weise lediglich fünf Stück, 2017 dann wieder etwas mehr als 600. Aber der allgemeine Trend zeichnet sich deutlich ab und scheint mit den Zahlen aus dem Rest Europas übereinzustimmen: Von den 80er-Jahren an sinkt die Kurve, wenn man die Bewegung der stromauf wandernden Steigaale und der stromab wandernden Blankaale aufzeichnet – wenn auch beim Blankaal in geringerem Maß, was wohl einfach ein Verzögerungseffekt ist. Es ist schwierig vorherzusagen, wann die Blankaale abwandern, wie lange ein abwandernder Blankaal im Süßwasser gelebt hat, wie viele insgesamt im Süßwasser leben, ob sie vielleicht woanders herkommen, wie hoch die Überlebensrate allgemein bei abwandernden Aalen ist – und nicht zuletzt, wie viele den ganzen Weg bis in die Tiefen der Sargassosee schaffen, und wie viele von diesen es dann auch noch schaffen, sich zu vermehren.

Unabhängig davon, wie viele ausgewachsene Aale wir hier in unseren Gewässern sehen, spricht die schwindende Anzahl neu hinzukommender Glasaale und Steigaale für eine negative Entwicklung des Bestands.

Ich denke an den Haufen geschredderter Aale auf dem Foto mit Frode an der Storelva. Das Wasserkraftwerk gibt es noch gar nicht so lange, und wie viele Flüsse und Wasserläufe sind mittlerweile alle begradigt, ausgebaut und reguliert. Vielleicht hat Carolines Theorie etwas für sich, dass der Aal anfängt, die Flüsse zu meiden, und sich neuen Lebensraum in den Schären und Fjordsystemen sucht. Nach Millionen von Jahren ohne spürbare menschliche Eingriffe in die Natur passt sich der Aal möglicherweise an die enormen menschengemachten Veränderungen an.

Die Internationale Rote Liste der *International Union for Conservation of Nature* (IUCN) wird mit wissenschaftlicher Genauigkeit und ohne Rücksichtnahme auf politische oder andere Interessen mit dem Anspruch globaler Geltung erstellt. Sie bildet auch die Grundlage für die stärker variierenden – und ihr oft widersprechenden – nationalen Roten (oder Schwarzen) Listen. Sie unterscheidet die folgenden Gefährdungskategorien der einzelnen Arten:

Least Concern (LC) – Nicht gefährdet. Zahlreich und lebenskräftig.
Near Threatened (NT) – Potentiell gefährdet. Weniger zahlreich. Gefährdung möglich.
Vulnerable (VU) – Gefährdet. Hohes Risiko, zu einer bedrohten Art zu werden.
Endangered (EN) – Stark gefährdet. Risiko des Aussterbens in der Natur.
Critically Endangered (CE) – Vom Aussterben bedroht. Sehr hohes Risiko des Aussterbens in der Natur.
Extinct In The Wild (EW) – In der Natur ausgestorben, es gibt aber noch Exemplare in Gefangenschaft.
Extinct (EX) – Nach dem Jahr 1500 ausgestorben (es gibt auf der Welt kein lebendes Exemplar mehr).

Es gibt drei Hauptgruppen in der Roten Liste der IUCN: eine für nicht gefährdete Arten mit lebenskräftigen Beständen, eine mit verschieden stark gefährdeten Arten und eine mit bereits ausgestorbenen Arten, die es entweder in Freiheit nicht mehr oder überhaupt nicht mehr gibt. Wenn man diesen Punkt erreicht hat, gibt es natürlich keinen Weg mehr zurück. Es gibt innerhalb der drei Hauptgruppen der Roten Liste wiederum drei genau definierte Stufen der Gefährdung: »Gefährdet«,

»Stark gefährdet« und »Vom Aussterben bedroht«. Der Aal (*Anguilla anguilla*) wird auf der Internationalen Liste der IUCN als vom Aussterben bedroht eingestuft, was bedeutet, dass er bald in freier Wildbahn ganz verschwinden könnte. Dann wäre er »In der Natur ausgestorben« – das heißt, dass sich nur noch in Gefangenschaft Exemplare finden.

Wenn wir es so weit kommen ließen, wäre der Aal in der Praxis *komplett ausgestorben*, denn es ist noch niemandem gelungen, den Europäischen Aal dazu zu bringen, sich in Gefangenschaft zu paaren. In den ganz wenigen Fällen, wo es doch geklappt hat, gelang es nicht, die Aallarven am Leben zu halten. Paarung, Ablaichen und Schlüpfen des Europäischen und Amerikanischen Aals finden nun einmal nur in der Sargassosee statt, in Freiheit.

Welche Arten sind im Zeitalter des Menschen ausgestorben? Das Mammut und der Säbelzahntiger, die Dronte (heute meist Dodo genannt) und der Riesenalk sind berühmte Beispiele für ausgestorbene beziehungsweise ausgerottete Arten. Daneben gibt es eine Reihe weit weniger bekannter Tierarten, zum Beispiel den Riesenfrosch Beelzebufo, die Wandertaube und den Kaiserspecht, auch viele Käferarten und andere Insekten. In Norwegen sind die Muschel *Lutraria lutraria,* der Waldpanzerkäfer *Stelis phaeoptera* und die Wespe *Blasticotoma filoceti* zu unseren eigenen Lebzeiten ausgestorben, ohne dass wir viel davon mitbekommen hätten.

Es gibt gar nicht so viele bekannte Arten, die heute als »In der Natur ausgestorben« gelten – was bedeutet, dass es sie nicht mehr in Freiheit, sondern nur noch in Gefangenschaft gibt, und dass die Hoffnung besteht, aus den paar Überlebenden in menschlicher Obhut wieder einen Bestand aufzubauen, entweder in Gefangenschaft oder am besten wieder in Freiheit.

Im Jahr 2018 ist das letzte überlebende Männchen des Nördlichen Stumpfnashorns gestorben, und es gibt nur noch zwei weibliche Exemplare, womit der Untergang der Art besiegelt ist. Nur noch einige wenige Exemplare gibt es von einer Eisvogelart auf Guam, einer Krähenart auf Hawaii, der Schwarzen Opferschalen-Meeresschildkröte in Indien, von mehreren Froscharten und von der schönen Säbelantilope (*Scimitar oryx*) in Nordafrika.

Und dann gibt es Arten, von denen wir nicht sagen können, wie viele Exemplare es noch gibt. So wie beim Amurleoparden in Asien, von dem noch 40 bis 60 Stück in Freiheit leben sollen, und beim Zwergnashorn auf Sumatra mit vielleicht noch 200 Stück – diese Nashornart ist kleiner als das bekannte afrikanische Schwarznashorn, von dem es auch nur noch rund 5000 Stück gibt. Soweit wir wissen, haben wir bei manchen bekannten und »beliebten« Arten auf dem afrikanischen Kontinent, wie Löwe und Elefant, einen gewissen Überblick, was die Gesamtanzahl des Weltbestands in ihrem beschränkten Lebensraum angeht.

Einige von ihnen gelten als »Vom Aussterben bedroht«. In diese Kategorie wird auch der Aal eingeordnet. Das hört sich zunächst nicht wirklich plausibel an, wenn man bedenkt, dass es noch solche Mengen Aale gibt, dass es unmöglich wäre, ihre Anzahl festzustellen.

Ein Beispiel, das uns zeigen kann, wie auch eine bislang zahlreich vorkommende Art wie der Aal mit seinen komplexen und zeitraubenden Wanderungen sehr wohl ausgerottet werden kann, ist die Wandertaube *Ectopistes migratorius*. Sie war einst einer der am häufigsten Vögel Nordamerikas. Es gab so viele davon, dass ihre Schwärme als die größten im Vogelreich überhaupt galten. Die letzte bekannte Wandertaube, Martha, starb 1914 im Zoo von Cincinnati. Wir können sie heute, ausgestopft, im Smithsonian

Museum in Washington, D.C., besichtigen. Die Forscher stellten sich natürlich die Frage, wie eine so zahlreiche Art in so kurzer Zeit verschwinden konnte. Im 19. Jahrhundert kam es häufig vor, dass Schwärme von Wandertauben auf ihrem Zug die Sonne »mehrere Stunden lang« verdunkelten. Zuallererst muss man natürlich darauf hinweisen, dass diese Vögel intensiv bejagt wurden. Gerade, weil sie so weitverbreitet und ihre Schwärme so groß waren, wurden viele von ihnen erlegt. Es war ein regelrechter Sport. Es gab so viele Exemplare, dass unmöglich alle geschossen werden konnten, das reicht als Erklärung nicht aus. Neuere Forschungen haben die Theorien von einem ganzheitlicheren Ansatz aus vertieft. Die Ergebnisse wurden 2017 in der *New York Times* veröffentlicht. Hauptsächlich geht es darum, dass die Wandertauben genetisch an ein Leben in riesigen Schwärmen mit entsprechenden Zugrouten und Ernährungsstrategien angepasst waren und sie nicht überleben konnten, als die Anzahl einmal einen bestimmten Wert unterschritten hatte. Normalerweise hätte die genetische Vielfalt eine Anpassung an menschliche Eingriffe ermöglicht – aber bei den Wandertauben blieb diese Anpassung aus. Es gelang ihnen nicht, sich an ein Leben in zahlreicheren, aber kleineren Schwärmen anzupassen. Die Geschichte Marthas, der letzten Überlebenden einer Art, deren Spur bis zurück zur letzten Eiszeit gut belegt ist, zeigt, dass die Ursachen einer Entwicklung oft komplexer sind als wir glauben. Die Geschichte zeigt auch, dass eine scheinbar unerschöpfliche Zahl keine Garantie an sich für das Überleben ist.

Der verwickelte und langwierige Fortpflanzungszyklus, der sich über 30 Jahre und mehr erstreckt, sowie die großen Distanzen zwischen seinen Lebensräumen, zwischen denen er hin- und herwandern muss, machen es schwierig, den Status des Aals zu bestimmen. Die IUCN führt ihn international als »Vom

Aussterben bedroht«, weil die Zahl der Glasaale, die aus dem Sargassomeer die europäischen Küsten erreichen, seit 1980 um über 90 Prozent gefallen ist.

Wie aber könnte es zu diesem dramatischen Einbruch bei den Glasaalen in den vergangenen Jahrzehnten gekommen, was könnten die Gründe sein? Dass es hier an der Sørlandsküste so viele Aale gibt, muss nicht viel heißen, wenn man bedenkt, dass die Exemplare, die wir heute fangen, um sie zu vermessen und zu markieren, vielleicht bereits 30 bis 40 Jahre alt sind und seit den 1980er-Jahren in ihrem Habitat leben.

Können diese ausgewachsenen Aale es überhaupt aus den Flüssen und Wasserläufen zurück ins Meer schaffen, die seit den 80er-Jahren intensiv ausgebaut und mit Wasserkraftwerken, Dämmen und Wehren versperrt wurden und werden? Und was genau passiert in der Sargassosee? Wir wissen es nicht. Wir wissen nur, dass viel weniger Glasaale als früher an unsere Küsten zurückkommen. Und dass die, die es auf ihrem weiten Weg von der Sargassosee bis hierher schaffen, eine zunehmend begehrtere Beute einer globalen Menschheit sind.

Um den Aal zu schützen, muss man einen möglichst umfassenden Überblick gewinnen. Der Aal durchlebt mehrere Entwicklungsstufen und hat viele Lebensräume. Da er aber nur eine einzige Art bildet, die im höchsten Grad international ist, muss man den Blick weiten.

Es gibt eine Aalforscherkollegin und Freundin von Caroline in Nordspanien, Estibaliz Dias. Von ihr erhoffen wir uns Auskunft über den ersten Teil der gefahrvollen Reise des Aals, seiner Ankunft in Europa als Glasaal. Wir entschließen uns, zum Jahresbeginn ins baskische San Sebastián zu fahren, wenn die Stadt das Fest ihres Patrons und Namensgebers feiert. Glasaale spielen hierbei eine große Rolle.

Baskischer Glasaal in Olivenöl

Wir befinden uns draußen an der Mündung des Oria, nahe dem Ort Orio, südwestlich von San Sebastián. Es ist nach Mitternacht, die Läden und Cafés haben längst geschlossen. Jetzt im Januar wirkt Orio auch bei Tag wie im Winterschlaf, und man kann sich kaum vorstellen, wie belebt es hier in den Sommermonaten ist. Doch es gibt einen Ort in Orio, wo auch jetzt noch, im Winter, zu nachtschlafender Stunde, rege Betriebsamkeit herrscht: an den Landungsstegen des großen Bootshafens. Hier werden die Vorbereitungen für das traditionelle baskische Glasaalfischen getroffen. Männer in Ölzeug und dicken Wollmützen sitzen in gespannter Erwartung in ihren extra fürs Glasaalfischen gebauten kleinen Booten und halten Ausschau in Richtung Flussmündung, wo man vereinzelt flackernde Lichter erkennt. Einige Boote sind offensichtlich schon draußen.

»Wegen der schweren See ist es gar nicht sicher, ob die anderen noch auslaufen«, meint Inazio, unser Gewährsmann, ein erfahrener Fischer.

Ich frage mich, ob das nur ein Vorwand ist, damit wir, die neugierigen Zuschauer und kritischen Beobachter, des Wartens überdrüssig werden und von unserem Vorhaben ablassen?

Schon bei unserer Ankunft im Hotel unweit des Bootshafens gelegen ist, konnten wir in der Dunkelheit draußen das unablässige Donnern des Meeres hören. Wenn im Nordatlantik ein Sturm tobt, gibt es für die von ihm aufgewühlten Wellen kein Hindernis, bis sie auf diesen Küstenabschnitt treffen. Der Strand von Orio direkt vor dem Hotel in einer langgezogenen

Bucht ist einer der besten Surfstrände Europas, eingerahmt auf beiden Seiten von hohen Klippen, gegen die seit Ewigkeiten die Wogen anbranden. Es liegt an der Lage dieser Bucht – zum Atlantik hin offen, aber ganz innen in der Biskaya –, dass hier seit Millionen Jahren in jedem Winter und Frühling die Glasaale ankommen, mehr oder weniger direkt aus der Sargassosee.

Die Flussmündung wird von einem mächtigen Pier geschützt, der als wirksamer Wellenbrecher fungiert. Aber wenn die Wogen derart hoch auflaufen wie jetzt, fluten sie über ihn hinweg und hinein in die Flussmündung, in der die Aale gefischt werden. Der Fluss ist hier nur drei Meter tief, die überschwappenden Wellen wirbeln reichlich Schlamm auf und führen Tang und anderes Treibgut mit sich. Das erschwert den Fischern im Dunkeln die Suche nach den winzigen, durchsichtigen Aalen zusätzlich.

Die meisten Fischer warten darauf, dass der Wellengang sich möglicherweise etwas beruhigt. Wenigstens regnet es nicht mehr, was in den letzten Wochen nach Weihnachten und Neujahr fast immer der Fall war. Ohne Regen ist es schon deutlich angenehmer, denn es ist ziemlich kalt.

Nur noch zwei Tage sind es bis zum großen Ereignis, der Tamborrada am Festtag des heiligen Sebastian. In der Nacht davor feiert die ganze Stadt, die seinen Namen trägt, mit Umzügen und allerlei Festivitäten. Zu dieser Feier wie auch zum Weihnachtsfest, gehören als Festessen traditionell Glasaale. Das hat damit zu tun, dass in früheren Zeiten in diesen Wochen solche Massen hier eintrafen, dass jedermann fangen konnte, so viel er wollte. Die Schwärme schienen unerschöpflich zu sein.

Im Grunde ist der Fang und Verzehr kleiner Babyaale nicht viel ungewöhnlicher als zum Beispiel das *skreifiske* in Norwegen. *Skrei* ist nichts anderes als Dorsch auf dem Laichzug. Wir essen also Fische, die zum Ablaichen an unsere Küsten ziehen. Wir essen ihren Rogen, also die Millionen kleiner Fischeier, die beim Laichen abgesetzt werden. Das Problem, um das es geht, hat einen Namen: Nachhaltigkeit.

Die große Masse an Glasaalen gibt es längst nicht mehr. Der Aal ist in ganz Europa vom Aussterben bedroht, und auch hier an der baskischen Küste werden heute sehr viel weniger Glasaale in die Flussmündungen gespült als früher. Glasaal ist daher längst nicht mehr für alle erschwinglich, sondern zu einem Luxusgut geworden. Sein Ladenpreis liegt bei etwa 700 Euro pro Kilo.

Alle Geschäfte, in denen die echten *Angulas*, wie die Basken die Glasaale nennen, verkauft werden, führen mittlerweile auch die Billigversion mit dem ähnlich klingenden Namen *Gulas*. Das ist ein künstlich hergestelltes Produkt aus japanischer Surimi-Fischpaste, aus der zum Beispiel auch *crabsticks* gemacht werden, die so gut wie kein Krebsfleisch enthalten.

Wenn man echte *Angulas* im Laden kauft, bekommt man sie in der Originalverpackung eines zertifizierten Glasaalgroßhändlers.

Die kleinen Aale werden auf eine spezielle Art und Weise getötet, ihr Schleim wird entfernt und sie werden leicht vorgekocht, bis sie nicht mehr richtig durchsichtig, sondern hellgrau mit schwarzem Rücken sind. Die Surimiversion *Gulas* sieht genauso aus. Der einzige Unterschied ist, dass die spaghettidünnen kleinen grauen Aalküken zwei winzige schwarze Augen haben. Anfangs wurden bei der Herstellung der *Gulas* auch diese beiden kleinen Augen durch zwei kleine Punkte aus Tintenfischtinte imitiert. Weil man die nachgeahmten kaum von den echten Glasaalen unterscheiden kann, wurde dies jedoch inzwischen verboten.

Das Wetter hält die Fischer natürlich nicht auf. Sie wissen, dass Glasaale auf Regen und aufgewirbelten Schlamm sogar warten, wenn sie sich auf ihren Weg den Fluss hinauf begeben. Bevor die Fischer mit ihren Netzen in der Flussmündung kreuzen, löschen sie die Lichter an ihren Booten. Die Aale sind ungemein vorsichtig, sie scheinen instinktiv um die vielen Gefahren zu wissen, die ihnen drohen. Eine Strategie der Glasaale ist es, sich in Schwärmen zu sammeln, der einzelne Fisch wird unsichtbar; und auch dass sie durchsichtig sind, ist natürlich ein Vorteil. Glasaale sind ungemein schwer auszumachen. Daher achten die Fischer auf die großen Wolfsbarsche in der Flussmündung, die ebenfalls in Schwärmen Jagd auf die *Angulas* machen – freilich ohne etwas vom Kilopreis des frisch eingetroffenen Futters zu ahnen.

Die Glasaale, die den Barschen wie den Fischern entkommen, versuchen danach, den Fluss hinaufzugelangen. Die Wellen erschweren zwar den Fischern die Arbeit, aber sie erleichtern den Glasaale das Passieren.

Die feinmaschigen Netze füllen sich langsam, aber stetig. Sie sind so schwer, dass sie sich nur schwer einholen lassen – aber mittlerweile haben fast alle Boote ohnehin eine elektrische Winde, mit deren Hilfe die Netze aus dem Wasser gezogen werden. Immer mehr Boote wagen sich hinaus, um nach der begehrten Beute zu suchen.

Wir ziehen skeptische Blicke auf uns, aber niemand spricht uns an. Die baskischen Fischer bleiben unter sich.

Heute ist das Glasaalfischen im Baskenland nur noch ein Hobby für eine begrenzte Anzahl Freizeitfischer für den Eigenbedarf, die dafür zudem eine besondere Genehmigung brauchen. Es ist ihnen nicht gestattet, Glasaale weiterzuverkaufen. Aber das Gesetz hat viele Lücken, und es gibt viele Fischer, die die Gelegenheit für dunkle Geschäfte nutzen.

»Die Fischer da draußen, das sind Arbeitslose«, erklärt uns Inazio, und in seinem Unterton schwingt mit, dass sie natürlich nicht nur für ihren Eigenbedarf fischen. Bei einem Ladenpreis von 700 Euro pro Kilo kann man sich leicht vorstellen, wie groß die Versuchung ist. Und wie hoch die Schwarzmarktpreise sind, darüber gibt es wilde Spekulationen. Von bis zu 7000 Euro pro Kilogramm ist die Rede.

Inazio ist 71 Jahre alt. Solange er zurückdenken kann, hat er in den ersten Monaten des Jahres Glasaal gefischt. Gelernt hat er es von seinem Vater, der es wiederum von dessen Vater übernommen hat. Wie so viele andere Naturburschen, die viel draußen sind und ihre Umgebung wie ihre Westentasche kennen, erinnert er mich an Reidar auf Frøya.

»Dabei haben mir Glasaale eigentlich nie besonders geschmeckt«, gesteht er. »Häufig verwahren wir die erbeuteten, lebenden Glasaale in einer Wanne im Bad, manchmal sogar in der Badewanne selbst, bevor wir sie zubereiten«, erzählt er.

Inazio tut dies frei heraus und unverblümt. Für uns, die misstrauisch beäugten Fremde, sind seine offenen Worte *Angulas* wert. Bei den anderen spüre ich deutliche Vorbehalte dagegen, dass wir mit von der Partie sind. Wir, das sind außer mir und Caroline Estibaliz Dias zwei ihrer Assistenten vom Meeresforschungsinstitut Azti.

Estibaliz Dias ist die führende Aalexpertin nicht nur des Baskenlands, sondern ganz Spaniens. Jedes Jahr nehmen Estibaliz und Caroline als Delegierte Spaniens beziehungsweise Norwegens an der Aaltagung des Internationalen Meeresforschungsrats (ICES) teil. Die beiden zählen zu den führenden Aalfachleuten weltweit. Estibaliz, die erklärte Feministin, ist auch einem breiteren Fernsehpublikum aus vielen TV-Berichten über die Glasaalfischerei und die Aalforschung bekannt.

Ohne sie wären wir hier nicht weit gekommen. Keiner der Fischer spricht Englisch, manche nicht einmal Spanisch, sondern ausschließlich Baskisch. Estibaliz, die in Bilbao lebt, unterhält sich auf Baskisch und Spanisch mit ihnen und übersetzt für uns.

Die Assistenten vom Azti-Institut fahren mit Inazio hinaus, um die Fangproben zu sichern, während wir auf dem Landungssteg bleiben. Hier treffen jetzt weitere Männer ein, die redseliger und geselliger sind als die misstrauischen Fischer in ihren Booten. Es sind Neugierige aus den umliegenden Ortschaften, die es spannend finden, den nächtlichen Fischzug zu verfolgen. Alle haben Handkescher dabei, mit denen sie selbst vom Steg aus ihr Glück versuchen. Diese Käscher sind die längsten und breitesten, die ich je gesehen habe.

Es ist acht Uhr, als die Fischer an Land die ersten Fangmeldungen von den Booten draußen erhalten. Die Wellen haben sich tatsächlich etwas gelegt. Im Lauf der ersten Stunden haben Estibaliz' Assistenten nur 15 Glasaale in Inazios Kescher gezählt. Aber jetzt tut sich etwas. Alle Boote sind inzwischen in der Flussmündung unterwegs, über rund einen Kilometer von ganz weit draußen bis hin unter die Autobahnbrücke verteilt, die nach Orio hineinführt. Dieser erste Kilometer ist breit wie ein Meeresarm, erst danach verengt sich der Fluss etwas. Wir können die kleinen Laternen erkennen, die die Fischer bei sich haben, und wie sie erlöschen, als die Männer anfangen, die Aale zu fischen.

Auch die Freizeitfischern, die ihren langen Kescher zum Spaß durchs Wasser ziehen, erwischen den einen oder anderen Glasaal. Am Ende reicht es für ein Abendessen. Nach jedem Versuch heben sie den Kescher aus dem Wasser und schauen nach. Die kleinen Glasaale sind wirklich ganz durchsichtig und kaum zu erkennen, unglaublich. Das Ganze hat was von Goldwaschen. Den Spaß daran kann ich schon nachvollziehen.

Im Gegensatz zu ihren durchscheinenden, winzigen, fragil anmutenden Körpern wirken die Fische sehr stark. Wenn sie die Biskayaküste erreichen, haben sie bereits mehrere Jahre lang alle

Gefahren überstanden – den größten Teil der Zeit als flache, durchsichtige und blattartige Aallarven. Wenn sie die Küste erreichen haben, sind aus ihnen Glasaale geworden. Sie müssen kräftig genug sein, um sich gegen die Strömung im Fluss behaupten, Felsen und Stromschnellen überwinden zu können. Sogar kurze Entfernungen über Land legen sie zurück.

Caroline erzählt, dass die Fische im Glasaalstadium anscheinend gar keine Nahrung zu sich nehmen, bevor sie ihr Zielgewässer erreichen und sich dort in pigmentierte kleine Aale zu verwandeln. Und wenn sie, hoffentlich nach vielen Jahren eines schönen Aal-Lebens, die Rückreise flussabwärts antreten, und sich dafür vom Gelbaal zum Blankaal verwandeln, nehmen sie ebenfalls keine Nahrung auf. Dies ist die letzte Verwandlung, bevor sie das Süßwasser verlassen und sich auf die lange Wanderung zurück ins Sargassomeer begeben, um dort abzulaichen und danach zu sterben.

Weder Glasaal noch Blankaal haben einen Magensack und die Möglichkeit, Nahrung zu verdauen. Vielleicht sind die Aale im Larven- und im Goldaal-Stadium deswegen so gefräßig.

Einer der Fischer überlässt mir seinen langen Kescher, sodass ich vom Steg aus probieren kann, auch ein paar Glasaale zu fangen. Ich ziehe den Kescher durchs Wasser, hebe ihn heraus, und wir finden vier Glasaale darin. Das ist eine ausgesprochen gute Beute. Diese kleinen Urwesen haben auf ihrer extrem langen und gefahrvollen Wanderung alle Herausforderungen gemeistert. Und jetzt endet ihr Leben damit, dass sie als extrem exklusive Beilage zum Abendbrot dieses Fischers verzehrt werden.

Tags darauf scheint die Sonne. Die Wärme tut gut – auch den kleinen Eidechsen, die auf einem Baumstamm Sonnenenergie tanken und erst im allerletzten Augenblick die Flucht ergreifen.

Wir sind nach Orbeldi gefahren, einem Ort etwa zehn Kilometer stromaufwärts von Oria, in der Nähe des Dorfs Usurbil. Die Landschaft ist schroff und steinig. Bis hinauf nach Usurbil reicht die Tidenströmung, bis hier ist der Fluss noch relativ breit. Bei Orbeldi dann treffen die Fische auf das erste Hindernis, ein ehemaliges Wasserkraftwerk, das zwar nur noch eine Ruine ist, die Staustufe ist aber immer noch sehr real. Das dazugehörige Gebäude halb im Wald sieht aus wie ein Spukschloss. Wir treffen den Förster Esteban und den Biologen Aitor, die beide für das Umwelt- und Kraftwerksdezernat der Regionalregierung Diputación Foral de Guipúzcoa arbeiten. Sie sind zuständig für die Fischfallen an dieser Flussverbauung, in der Lachse, Forellen und Aale auf dem Weg flussaufwärts aufgefangen werden. Flussabwärts ist das Hindernis kein Problem für die Fische, auf dem Weg Richtung Quelle hingegen brauchen sie Hilfe. Esteban und Aitor zeigen uns, wie sie das machen: Die Lachse werden in einer Aufbewahrungswanne per Muskelkraft über das Hindernis getragen. Das ist natürlich sehr umständlich und mühselig, aber eine andere Lösung gibt es derzeit nicht.

Lachse und Forellen waren in den 1980er-Jahren aus dem Fluss verschwunden, was in erster Linie am Kraftwerk lag, aber auch daran, dass der Fluss durch Einleitung ungeklärter Industrieabwässer insgesamt stark verschmutzt war. Erst das Verschwinden der Fische brachte einen Bewusstseinswandel. Die Unternehmen bauten Kläranlagen und müssen sich seither an Umweltauflagen halten. Heute ist der Fluss wieder sauber. Die Glasaale kamen schon in den 1990er-Jahren zurück, ein wenig später auch die Forellen, und seit ein paar Jahren gibt es auch wieder Lachse, wenn auch nur in kleiner Zahl. Die Arbeit, die Esteban und Aitor hier leisten, um den Fischen über das erste Hindernis im Flusslauf hinwegzuhelfen, so kleinteilig sie ist, ist enorm wichtig.

Im Moment sind es nur knapp 200 Lachse pro Jahr, die sie über die Verbauung tragen, aber es ist immerhin ein Anfang – und zwar einer, der Hoffnung macht, dass die jungen Lachse, Smolts genannt, die es hinaus ins Meer schaffen, in größerer Zahl zurückkommen. Vielleicht baut man dann eine größere Lachstreppe. Eine kleine Fischtreppe für Glasaale gibt es bereits. Das ist eine Art Rampe mit feuchtem Kunstgras, über die sich die Aale hinauf und in eine Wanne schlängeln können, die dann von den Helfern oberhalb des Hindernisses ausgeleert wird. In der Saison sind sie oft jeden Tag hier. Sie wissen, wie wichtig ihre Arbeit ist, die allerdings nur diejenigen zu würdigen wissen, die die Zusammenhänge kennen.

Dazu gehören zweifellos die Brüder Santiago und José Mari Otamendi aus Aginaga bei Usurbil. Sie sind Glasaalgroßhändler in der dritten Generation, leben immer schon hier oben am Fluss und haben die Entwicklungen hautnah miterlebt. Als die Wasserverschmutzung ein derart beängstigendes Ausmaß angenommen hatte, dass der Fischfang zu stark zurückging, um noch nachhaltig zu sein, fingen sie an, Glasaal aus Frankreich und anderen Gegenden dazuzukaufen. Das tun sie bis heute, weil die Glasaale in der Oria ja den Hobbyfischern vorbehalten sind. Sie wissen, dass viele von ihnen ihren Fang trotz Verbot verkaufen, aber an solchen illegalen Machenschaften wollen sie sich nicht beteiligen, sagen sie.

Bei unserem Gespräch denke ich an die seltsame Stimmung letzte Nacht unten an der Flussmündung. Das magische Naturerlebnis, das Gefühl, an einem Ritual teilzunehmen, hatte einen unangenehmen Beigeschmack von Heimlichkeit. Die im wahrsten Sinn lichtscheue Aktivität stand in Verbindung mit kriminellen Geschäften dunkelster und umfassendster Art, mit der baskischen Untergrundorganisation ETA wie der chinesischen Mafia als mögliche Akteure im Hintergrund.

Die Brüder Otamendi haben, sagen sie, die Auswirkungen des illegalen Handels in den letzten Jahren zunehmend zu spüren bekommen. Dieser hat zur Folge, dass die Preise explodiert sind. Der Schwarzmarkt zahlt sehr viel besser als es sich die an die Gesetze haltende Großhändler leisten können. Da es für die Verbraucher eine Preisobergrenze gibt, die sie gerade noch zu akzeptieren bereit sind, steht die Rentabilität ihres Betriebs infrage. Für die Otamendis stehen außerdem die Qualität der Ware und ihre Familienehre auf dem Spiel, und beides sind sie nicht bereit zu opfern. Die Glasaale, die sie an- und verkaufen, sind nicht für die weitere »Aufzucht« gedacht, so wie bei den meisten anderen Großhändlern und Glasaalfischern, sondern ausschließlich für die Verarbeitung als Angulas.

Normalerweise ist Journalisten und Außenstehenden der Zutritt zur Firma der Otamendis verwehrt. Ausnahmen gab es für Mark Kurlansky, als er 2001 für sein Werk *Die Basken – Eine kleine Weltgeschichte* über den Glasaal recherchierte, und für Richard Schweid, der 2012 das Aalbuch *Consider the Eel* veröffentlichte. Aber sonst bleiben die Tore geschlossen, auch wenn immer wieder Journalisten bitten, einen Blick in eine der letzten auf Qualität bedachten Angulas-Produktionsstätten werfen zu dürfen.

In der Region gab es immer schon Glasaalhändlerfamilien, aber die Otamendi-Familie hat die längste Tradition und gehört zu den angesehensten. In ihrem Selbstverständnis bewahrt sie nicht nur eine Firmentradition, sondern ein Stück Kulturgeschichte, die genauso bedroht ist wie der Aalbestand.

Als in den 80er-Jahren die Krise begann, stellten sie als einer der ersten Betriebe auf Gulas um, künstliche Glasaale, hergestellt aus Surimi. Letzteres wird aus gemahlenem und gepresstem Pazifik-Tiefseefisch hergestellt. Die Otamendis haben dafür fachlichen Rat aus Japan eingeholt. Bis heute haben sie Gulas neben den echten Angulas im Sortiment. Mittlerweile gibt es etliche Gulas-Hersteller. Einer der größten ist La Gula del Norte. In San Sebastián sind an jeder Bushaltestelle Reklameplakate der Firma zu sehen: Sie zeigen mit spaghettiähnlichen, grauen Pseudoaalen gefüllte Teller, dazu eine Gabel, die eine davon aufgespießt hat.

Die Glasaale erreichen die Küsten Europas und aalen sich die Flüsse hinauf. Auch wenn man sich dessen nicht bewusst ist: Hunderttausende, ja Millionen von ihnen schlängeln und winden sich in unseren vielen Flüssen, Bächen und Seen. Auch unten am Kai, wo ich wohne, kaum 100 Meter von meinem Arbeitszimmer, muss es kleine Glasaale geben – weil es dort schließlich auch haufenweise ausgewachsene Aale gibt. Vor dieser Reise hatte ich allerdings noch nie welche gesehen. Vieles in der Natur, auch direkt vor unserer Haustür, bleibt uns verborgen, ist uns unbekannt, ja, wir wissen mitunter gar nicht, dass es das gibt.

Caroline erzählt, dass sie an ihrem Wohnort auf Austevoll schon Glasaale gesehen und aufgestöbert hat. Aber sie ist im Umgang mit diesen Tieren ja auch Profi, die deren magnetischen Orientierungssinn erforscht.

Die meisten Glasaale treffen in Spanien, Frankreich und England auf die europäische Küste. In diesen Ländern ist es daher üblich, sie zu fischen – und zu essen. Auf Spanisch heißen sie *angulas*, auf Englisch *glass eels* (oft auch *elvers*, aber das sind eigentlich pigmentierte kleine Aale) und auf Französisch *piballes* oder *civelles*. In allen drei Ländern wird natürlich auch ausgewachsener Aal verzehrt. Am ausgeprägtesten ist die Glasaal-Tradition gegenwärtig noch in Frankreich und Spanien, hier vor allem im Baskenland. Der größte Glasaalfang Europas wird mittlerweile in Frankreich eingeholt. Aus Frankreich, gleich jenseits der nahen Grenze, beziehen auch die Otamendis ihre Glasaale.

Nach dem Fangen werden die durchsichtigen kleinen Aale zunächst in großen Wannen aufbewahrt, bis sie beginnen, sich einzufärben und einen schwarzen Rücken bekommen. Das geschieht in der Regel ziemlich rasch. Ein schwarzer Rücken gilt bei den Verbrauchern als Qualitätsmerkmal, der beweist, dass der Aal noch gelebt hat, als er beim Großhändler ankam, und nicht unterwegs gestorben ist, bevor seine Pigmentierung einsetzte. Wartet man zu lange, geht die Pigmentierung weiter, und der ganze Aal (nicht nur der Rücken) nimmt Farbe an. Dann ist der Aal streng genommen kein Glasaal mehr. Solche unverkäuflich gewordenen Exemplare setzen die Otamendis hier im Fluss aus. Aber wenn alles richtig läuft und der Glasaal nur den schwarzen Streifen auf dem Rücken hat, wird er getötet und in Salzwasser leicht angegart, bevor er verpackt wird. All das geschieht in gekühlten Räumen, teilweise im Gefrierhaus. Nach dem Verpacken ist die Ware nur eine Woche haltbar und muss innerhalb dieser Zeit an den Einzelhandel versandt, dort verkauft und vom Kunden zubereitet werden.

Mit anderen Worten: Ankauf, Verarbeitung und Verkauf sind ein hochriskantes Geschäft, und es geht dabei um viel Geld. Die Otamendis balancieren die ganze Zeit auf einem schmalen Grat zwischen Verlust und Gewinn. Sie sind angewiesen auf ein großes Netzwerk, auf das sie sich hundertprozentig verlassen können.

Den Großteil ihrer Produkte verkaufen sie im Inland. Als es erstmals Exportgenehmigungen nach Asien gab, reisten sie mit einer Ladung lebender Glasaale dorthin, in Sorge, ob die kostbare Fracht lebend und im richtigen Entwicklungsstadium dort ankommen würde. Zu ihrem großen Schrecken stellten sie bei der Ankunft fest, dass die gesamte Ladung ziemlich tot wirkte.

Man beschloss, die Ware zurück ins Meer zu kippen. Sobald die Glasaale jedoch im Wasser landeten, kehrte das Leben in sie zurück. »Sie hatten nur geschlafen!«

Glasaale halten sich tagsüber meist im Meeresboden auf, wo sie sich in den Schlamm oder unter einen Stein wühlen. Dort verharren sie bewegungslos und kommen erst wieder hervor, wenn es Nacht wird, der Mond nicht zu hell scheint und am besten auch das Wasser ein bisschen trüb ist. Erst dann werden sie wieder aktiv, und zwar mit großer Kraft, ihrer Winzigkeit und ihrem fragilen Aussehen zum Trotz.

Im Französischen gibt es den Ausdruck *il y a anguille sous roche* (»Da ist (ein) Aal unter (dem) Stein«), der bedeutet, dass eine Sache einen Haken hat, auch wenn man ihn nicht sieht. Wenn der Aal erst mal unter einem Stein liegt, dann rührt er sich nicht.

Die Metapher ist sehr treffend, nicht nur für die Aale – sondern auch für den Schwarzhandel mit Aalen. Caroline und Estibaliz weisen darauf hin, dass der illegale Aalhandel einer der Gründe dafür ist, warum der Aal heute vom Aussterben bedroht ist.

Der Export von Aalen aus Europa nach Asien ist inzwischen verboten. Gelöst sind die Probleme damit aber bei Weitem nicht, denn nicht zuletzt aufgrund des Verbots ist der Aal eine lukrative Handelsware.

Die Nachfrage nach Aal in Japan und anderen asiatischen Ländern ist immens. Die Japaner feiern jedes Jahr ein Fest namens *doyo no ushi no hi* (den »Ochsentag«, nach dem chinesischen Tierkreiszeichen), das aber eigentlich eher Aaltag heißen sollte, denn das traditionelle Festessen ist *unagi*, also Aal. Das Fest wird mitten im Sommer gefeiert, wenn es am wärmsten ist. Es heißt, dann sei es besonders gesund, Aal zu essen, und der Aal schmecke dann auch am besten. *Unagi* findet sich unter anderem in einem

Gericht namens *kabayaki* – über Holzkohle gegrilltes Aalfilet, das beim Grillen mit süßsaurer Soyasoße bestrichen wird. Das Aalfleisch wird auf Reis in einem traditionellen Kästchen oder einer Schale serviert. Kein Wunder, dass dieses Gericht so beliebt ist, denn es schmeckt ganz vortrefflich und ist nur eines von vielen Beispielen, das zeigt, wie brillant die Japaner darin sind, Fisch und Meeresfrüchte schmackhaft zuzubereiten.

Kabayaki wird inzwischen nicht mehr nur am Ochsentag (beziehungsweise Aaltag) gegessen, sondern das ganze Jahr über, wie auch einige andere Gerichte, die mit Aal zubereitet werden. Dazu werden Glasaale zur Aufzucht gefangen oder importiert und als ausgewachsene Aale verkauft und verzehrt. Angeblich sind Japans 120 Millionen Einwohner für 70 Prozent des Aalverbrauchs der Welt verantwortlich. Das mag vielleicht ein bisschen übertrieben sein, aber die Nachfrage ist jedenfalls riesig.

Japanische Traditionen haben sich außerdem nach China verbreitet, wo der Aalkonsum beträchtlich zunimmt, und auch in Südkorea und in Taiwan ist Aal sehr beliebt. Und nicht nur dort: Die japanische Küche im Besonderen und die asiatische im Allgemeinen sind der erfolgreichste Kulturexport nach Europa und in die USA. Auf diese Weise gelangte *kabayaki/unagi* auch nach Europa.

Alles zusammen erhöht die Nachfrage nach Aal als Lebensmittel, und wie beim Europäischen Aal haben Flussregulierungen mit dem damit einhergehenden Verlust an Lebensräumen, Wasserverschmutzung und klimatische Veränderungen in den Meeresströmungen auch beim Japanischen Aal (*Anguilla japonica*) zu einem dramatischen Rückgang der Bestände geführt. Während ich dies schreibe, wird gerade diskutiert, ob die Einstufung dieser Art von »Stark gefährdet« auf »Vom Aussterben bedroht« geändert werden soll. demm der Glasaalfang vor den

Küsten Japans im Winter und Frühling 2018 war so gering, dass in den Zeitungen lange Artikel erschienen, in denen die bange Sorge geäußert wurde, dass die Menge für den traditionellen Aaltag im Sommer nicht ausreichen könnte.

Der internationale Handel mit Aalen floriert schon seit Ende der 1960er-Jahre. Auch die Otamendis hatten sich daran beteiligt. Während der 1990er-Jahre führte dann der Bestandsrückgang sowohl beim Europäischen wie beim Japanischen Aal zu einem starken Preisanstieg. Hohe Preise, große Nachfrage und schwer zugängliche Ressourcen bewirkten eine Überhitzung des Marktes. Japan und China setzten seitdem Glasaale aus Japan und Europa und schließlich auch Amerika in großen Aufzuchtanlagen ein, um die Nachfrage zu befriedigen.

Auf diese Weise hat sich vermutlich der asiatische Schwimmblasenparasit *Anguillicola crassus* als neue Krankheit in Europa verbreitet, entweder durch Übertragung nach Aussetzung Japanischer Aale oder im Bilgewasser von Schiffen. Dass diese Parasiten mittlerweile in allen Gegenden Europas vorkommen, auch in norwegischen Flüssen, Seen und Wasserläufen, lässt möglicherweise darauf schließen, dass es einen noch ausgedehnteren Handel mit gemischten Aalarten gegeben hat, die in den betreffenden Gegenden ausgesetzt wurden. Der umfassende Austausch zwischen den Kontinenten ist eine weitere Gefährdung für den ohnehin vom Aussterben bedrohten Europäischen Aal, und 2010 verbot die EU daher sämtlichen Handel mit lebenden Aalen (sowohl ausgewachsenen wie Glasaalen) zwischen Europa und Asien.

Handel und Verkehr gibt es allerdings nach wie vor. Er hat sich nur verlagert auf einen umsatzstarken Schwarzmarkt. Glasaale werden nunmehr von Europa nach Asien geschmuggelt. Ein Geschäft, das zum Teil von der chinesischen Mafia kontrolliert wird. Eine typische Route für die Schmuggelaale führt von Madrid nach Hongkong. Europa zeigt mit dem Finger gerne auf Spanien. Dabei stammt ein Großteil der Glasaale, die von hier aus verschickt werden, ursprünglich aus Frankreich. Schätzungen zufolge wird das Doppelte, vielleicht auch das Sechsfache der gesetzlichen Quote aus Frankreich illegal nach Spanien und von dort weiter nach Hongkong exportiert. Einiges läuft über Nordafrika, das vom EU-Verbot nicht betroffen ist. Das Ziel der illegalen Glasaalreise sind chinesische, taiwanesische und japanische Aufzuchtanlagen.

Wenn man in einem japanischen Restaurant in Kopenhagen, Oslo oder Bergen *Kabayaki* isst, kann es also gut sein, dass man Aale verzehrt, die zunächst als Glasaale in Frankreich gefangen, dann nach Spanien verfrachtet, von dort nach China geflogen und schließlich in Japan aufgezogen wurden. Dort wurden sie geschlachtet, filetiert und vakuumverpackt, um anschließend zum Beispiel nach Dänemark exportiert zu werden.

Japanische, Amerikanische und Europäische Aale ähneln einander sehr – man kann sie mit dem bloßen Auge kaum unterscheiden. Den Beweis, dass dieser Handel immer noch fortgesetzt wird, liefern DNA-Funde in verschiedenen Stichproben aus beschlagnahmten Fischsendungen.

Dem voraus geht eine aufwendige Detektivarbeit, bei der die Umweltermittler der Polizei von der gemeinnützigen Organisation *Sustainable Eel Group* (SEG) unterstützt werden. Am engagiertesten ist hier Florian Stein aus Deutschland, ein Wissenschaftler, mit dem Caroline und Estibaliz zusammenarbeiten. Während Caroline direkt nach Bergen und Austevoll zurückfliegt, lege ich noch einen Zwischenstopp in Berlin ein, um mich mit Florian zu treffen und mir das, was er den »europäischen Elfenbeinhandel« nennt, ein wenig näher anzusehen.

Auf dem Flug nach Norden in Richtung Berlin denke ich daran, wie all die netten, umgänglichen Leute, die wir im Baskenland getroffen haben, mit der baskischen Untergrundorganisation sympathisieren. Die Flaggen, Banner und Graffiti überall in den Ortschaften zeigen deutlich, dass sie die Inhaftierung baskischer ETA-Aktivisten beziehungsweise -Terroristen für ungerechtfertigt halten.

Niemand weiß genau, woher die Basken eigentlich kommen. Es wird gemutmaßt, dass sie eines der ältesten Völker Europas sind. Die spanischen und französischen Basken haben sich ihre gemeinsame Sprache bewahrt, auch wenn sie durch die politische Landesgrenze getrennt sind. Das Franco-Regime hat versucht, die Basken zu hispanisieren. Ihr Widerstand wurde auf grausamste Weise beantwortet. Unter anderem wurde die Stadt Guernica bombardiert und ihre baskische Bevölkerung abgeschlachtet – daran erinnert das weltberühmte Gemälde von Pablo Picasso.

Estibaliz erzählt uns, dass sie als Kind in der Schule und in der Öffentlichkeit nicht Baskisch sprechen durfte. Aber zu Hause und in der Familie hielten die Basken an ihrer Sprache und ihren Traditionen fest. Nach Jahrzehnten voller Spannungen, zu denen auch die baskisch-nationalistische Untergrundorganisation ETA, die für unzählige Morde und Terroranschläge verantwortlich ist, erheblich beigetragen hat, haben sich die Wogen seit einigen Jahren geglättet. In Spanien haben die Basken inzwischen ein gewisses Maß an Autonomie und dürfen ihre eigene Sprache neben dem Spanischen pflegen. Die Städte Bilbao, San Sebastián und Pamplona gelten als askisch, wie teilweise auch die französischen Städte Biarritz und Bayonne.

Ich fühle mich fast an die Rivalität zwischen Frøya und seiner Nachbarinsel, dem etwas größeren Hitra, erinnert. Die Frøyinger hatten eine ausgeprägte eigene Identität, an der sie festhielten. In den Sagen wird Frøya als eine Art Australien beschrieben, eine Strafkolonie, wohin die Verbrecher verschifft wurden. Man fühlte sich immer als Außenseiter, ganz auf sich allein gestellt, getrennt von den anderen auf den größeren Inseln und dem Festland. So zumindest war das, als ich klein war. Man pflegte den für Auswärtige kaum verständlichen Frøya-Dialekt.

Als Zugereiste kamen wir mit unserer Familie nie richtig in diese eigenwillige Gemeinschaft hinein, vielleicht wollten wir es auch nicht unbedingt. Aber im Nachhinein ist es sehr interessant, wie die Mechanismen dieser eigenen Identität denen gleichen, die ausgeprägteren separatistischen Bewegungen zugrunde liegen.

Unter dem eisernen Griff Francos war die spanische Grenze im Zweiten Weltkrieg und bis weit in die 70er-Jahre hinein dicht. Die offizielle Zahl der Glasaalimporte aus dem Nachbarland Frankreich lag damals bei null, aber es ist sehr wahrscheinlich, dass es eine gleichbleibend hohe Dunkelziffer an Glasaalen gab, die von den französischen Brüdern der spanischen Basken eingeschmuggelt wurden. Die Schmugglertradition wurde später von der baskischen ETA aufrechterhalten, und damit ist der baskische Glasaal leider mit dieser Terrororganisation verbunden. Die Glasaalgroßhändler, die weiterhin Schwarzmarktware ankaufen, stehen auf den Schultern von Vorgängern, die dunkle Geschäfte in noch unbekanntem Umfang betrieben haben.

Auch dies ist eine Erklärung der seltsamen Stimmung in der Nacht im Hafen von Orio. Denn neben der offiziell genehmigten, legalen Fischerei gibt es eben auch weniger offene und illegale Seiten.

Eine interessante Parallele findet sich in Nordirland, wo die IRA einerseits mit dem irischen Unabhängigkeitskampf und andererseits mit der traditionellen Aalfischerei im Lough Neagh verbunden ist. Dieser große Binnensee ist etwa 30 Kilometer lang und 15 Kilometer breit, und solange man zurückdenken kann, sind hier Aale gefischt worden. In den letzten Jahrzehnten hat die Ausbeute durch gezielte Kultivierung zugenommen, sprich: andernorts gekaufter Glasaale werden hier in großen Stil ausgesetzt. Der ehedem natürliche Lebensraum der Aale wurde zu einem gigantischen Zuchttank.

Traditionell gehörte die Aalfischerei zu den Rechten der irischen Katholiken, was zu entsprechenden Konflikten während der bürgerkriegsähnlichen Zustände in Nordirland führte. Mit dem Brexit-Prozess ist der Konflikt wieder aufgebrochen, was den Kampf für die Rechte und Traditionen der Katholiken weiter erschwert.

Teilungen und Grenzen sind hier auch nicht unbekannt, denke ich, als die Maschine im Landeanflug über Berlin kreist, der Stadt, die früher vom Eisernen Vorhang zerschnitten war, oder vielmehr von einer tödlich gesicherten Betonmauer, die Ost und West voneinander trennte. Ich erinnere mich an eine Lehrerin unserer Oberschule, die ein Stück Berliner Mauer nach Frøya brachte und jedem in der Klasse ein Bröckchen davon schenkte. Ein kleines Stück europäischer Geschichte auf meinem Pult in der Oberschule auf Frøya.

Nicht nur die Stadt, auch das Land – aber ein bisschen auch die zwei Teile dessen, was doch eigentlich ein einziger Kontinent ist, *Eurasien* – war hier geteilt.

Ein bisschen ist uns der Osten auch heute noch fremd, etwas, das wir fürchten und dem wir alle möglichen Vorurteile entgegenbringen. Auch nach dem Mauerfall ist es so geblieben, dass wir mental in zwei verschiedenen Welten leben.

Diese Frage ist durchaus relevant für das Thema des »europäischen Elfenbeinhandels«, den illegalen Glasaalhandel zwischen Europa und dem Fernen Osten. Um mehr darüber zu erfahren, will ich mit Florian Stein sprechen, dem besten – und vielleicht sogar einzigen – Experten der Welt, der sich intensiv mit diesem Aspekt befasst. Ich habe ihn gebeten, in der Stadt ein Lokal zu finden, das *kabayaki* serviert, damit wir ganz konkret dort anfangen können, wo die Ursache des Problems liegt. In der Nahrung und unserem Umgang mit der Natur.

Europas »Elfenbeinhandel« mit Aal

Florian Stein beschäftigt sich nach seinem Geografie- und Zoologiestudium mit wandernden Fischarten, insbesondere Aalen. Auf einer Tagung in den Niederlanden zum Thema »Hindernisse in Wasserläufen für Fische allgemein und Aale im Besonderen« lernte er den Engländer Andrew Kerr kennen, den Gründer der Sustainable Eel Group (SEG), einer internationalen Organisation, die mit dem kommerziellen Gewerbe (den Fischern und Züchtern), der Wissenschaft (den Forschern) und dem Naturschutz (den Umweltaktivisten) drei Interessengruppen unter einem Dach vereint, deren Ziele nicht miteinander kompatibel zu sein scheinen. Caroline Durif und Estibaliz Dias gehören zu den aufgeschlossensten und undogmatischsten Experten in ihrem Fachgebiet, die ich kenne, aber Forscher stehen den Fischern generell skeptisch gegenüberstehen, und umgekehrt verhält es sich genauso. Und für die Umweltaktivisten ist das Fischereigewerbe per se ein rotes Tuch. Die Ideologen unter den Naturschützern gehören zu den heftigsten Kritikern der SEG, die in ihren Augen letztendlich eine »Propagandalobby« von Fischern, Züchtern und Händlern ist. Ich finde, diese sich im Besitz der Wahrheit und der höchsten moralischen Weihen wähnenden Aktivisten haben eine sehr einseitige Realitätsauffassung. Sie ergehen sich in hysterischen Rechthabereien und weichen jeder sachlichen Diskussion, bei der die Legitimität der anderen Interessen nicht von vornherein in Abrede gestellt wird, aus.

Vor der Begegnung mit Florian habe ich mit Andrew Kerr telefoniert. Er erzählte mir, dass er eigentlich aus dem administrativen Bereich und vom Naturschutz herkomme und in der Grafschaft Gloucestershire einen Wildlife Trust geleitet habe. Durch diese teilweise noch sehr naturbelassen Landschaft fließt der Severn, der seit jeher ein wichtiger Fluss für Aale ist. Nach einer überstandenen Krebserkrankung beschloss Andrew, etwas für den Aal zu tun, dessen Befund »Vom Aussterben bedroht« eine tödliche Diagnose ist. In der Folge gründete er die SEG, mit dem Ziel, Wissenschaftler und Berufsfischer an einen Tisch zu bringen. Er kannte einige englische Fischer und Glasaalgroßhändler persönlich, was auf der einen Seite hilfreich war, auf der anderen Seite nicht gerade förderlich, um die Vorbehalte der Aktivisten und mancher Forscher ihm gegenüber zu zerstreuen. Inspiriert habe ihn die Idee einer »nachhaltigen Entwicklung«, wie sie die ehemalige norwegische Ministerpräsidentin Gro Harlem Brundtland forderte.

Die Sprecher der Organisation sind mit Bedacht ausgewählt. Einer von ihnen ist der in Schweden lebende, international renommierte Aalforscher William Dekker, daneben sind auch Fischer und Fischzüchter gut repräsentiert, unter anderem durch Kollegen aus den Niederlanden, die politisch gut vernetzt und in der Lage sind, ihre Anliegen wirkungsvoll zu vertreten, auch in Brüssel. Und seit Kurzem konnte auch Florian Stein als Mitstreiter gewonnen werden, der sich mit seiner ganzen Energie einem wirklich großen Problem widmet, das auch als Schlagzeile taugt: dem Schwarzhandel mit Glasaalen zwischen Europa und Asien.

Florian ist noch relativ jung und Vater eines kleinen Kindes, und ich halte ihn wirklich für sehr mutig, denn dieser illegale Handel wird von mächtigen Kräften kontrolliert. Wenn er zu

Recherchezwecken in Europa und dem Fernen Osten unterwegs ist, hat er immer das Gefühl, beobachtet zu werden. Florian weiß, dass die kriminellen Netzwerke seine Aktivitäten und die der SEG ganz genau verfolgen.

Zurzeit ist er weltweit wahrscheinlich der einzige, der sich in Vollzeit mit diesem brisanten Thema befasst. Florian arbeitet eng vor allem mit der spanischen Polizei und den spanische Umweltbehörden zusammen, nicht nur, was die Bekämpfung des Schmuggels angeht, sondern auch die Aufdeckung der Strukturen und Organisationen, die hinter der Schmuggelei im ganz großen Stil stecken. Daher ist es kein Wunder, dass in den Medien das Bild vermittelt wird, Spanien sei das Land, in dem das Ausmaß des Aalschmuggels am größten sei. Dabei hat Spanien dieses zweifelhafte Lob vor allem der Tatsache zu verdanken, dass die Umweltermittlungsgruppe Seprona ihre Arbeit wirklich ernst nimmt und die meisten Verstöße aufdeckt. Deutlicher muss Florian nicht werden. Ich verstehe auch so, dass Frankreich, England und Portugal bei Weitem nicht denselben Eifer an den Tag legen – von China ganz zu schweigen.

»Das liegt sicherlich auch daran, dass dieses Problem weder von der Politik noch von der Öffentlichkeit zur Kenntnis genommen wird. Aus den Augen, aus dem Sinn, wie es heißt. Wenn wir aber sagen, dass der Glasaalhandel im Grunde nichts anderes ist als die europäische Version des Elfenbeinhandels, und dies mit gesicherten Zahlen und Fakten untermauern, kommen wir der Wahrheit näher, auch wenn viele überrascht und schockiert sein werden. Im Moment stehen wir vor der großen Aufgabe, unsere Erkenntnisse so zu vermitteln, dass sie bei den Verantwortlichen wirklich ankommen und zu Konsequenzen führen.«

Estibaliz mailt uns, dass am Madrider Flughafen gerade eine große Ladung Glasaale beschlagnahmt worden sei; ein Mann habe 300 Kilo Glasaale außer Landes schmuggeln wollen. Die vielen kleinen Aale wurden alle zu »unserem« Fluss gebracht und dort ausgesetzt. Hätte es der Verdächtige mit den lebenden Aalen nach Hongkong geschafft, hätte er dafür dort zwischen 200 000 und 700 000 Euro bekommen. Er hatte die Glasaale von Hobbyfischern mit und ohne Zulassung gekauft.

Ich weiß nicht so recht, was ich davon halten soll. Es ist zwar eine schlimme Sache, aber es sind ja nicht die Fischer, die ihren Fang ein bisschen teurer verkaufen, und nicht einmal die Schmuggler, sondern diejenigen, die den Schwarzhandel organisieren und lenken, die das wirklich große Geld damit verdienen. Gegen diese Personen müsste man vorgehen, um den illegalen Glasaalhandel zu stoppen. Das Ganze ist mit dem Drogenhandel vergleichbar, wobei der Gewinn noch höher, die Gefahr, erwischt zu werden, jedoch wesentlich geringer ist. Selbst wenn man auffliegt, sind die Strafen geradezu läppisch; oft sind es nur Geldbußen, die der Betreffende dann als »Geschäftsausgaben« gleich mit einkalkulieren kann.

Florian hat ein Lokal in Berlin ausgesucht, das ein *Kabayaki* serviert. Dieses Aalgericht wollen wir essen, sozusagen als Ausgangspunkt und Basis für unser Gespräch. Zuvor sind wir noch bei Rogacki gewesen, dem berühmten Feinkosthändler in Charlottenburg. Die Geschichte dieses Unternehmens begann Ende der 1920er-Jahre, als die polnisch-deutsche Familie Rogacki ein Ladengeschäft eröffnete, in dem sie seit nunmehr mehreren Generationen Fisch, Fleisch und andere Delikatessen verkauft. Die Firma hat heute 125 Angestellte und hält ein gigantisches Angebot bereit, zu dem unter anderem mindestens 150 verschiedene Käsesorten, 200 verschiedene Arten von frischem und zubereitetem Fleisch und über 70 Sorten frischer beziehungsweise lebender Fisch zählen. Etwas ganz Besonderes ist die hauseigene Räucherei, und natürlich gibt es dort auch den beliebten

Räucheraal. Früher kamen die Aale aus den Gewässern der Region, heute steht überall »Aquakultur« auf den Produkttafeln. Im Rogacki gibt es auch einen Stehimbiss, wo man die frisch zubereiteten Gerichte mit einem Glas Wein oder Bier dazu vor Ort verzehren kann. Vor zwei Jahren ist dieser Stehimbiss zur »Gaststätte des Jahres« gewählt worden. Hier kann man noch auf die traditionelle, altbewährte europäische Art Aal essen. Aber wir wollen eine neue Art des Aalessens auszuprobieren, die asiatische Variante, *Kabayaki* – also sparen wir uns den Appetit noch etwas auf und genehmigen uns, nachdem wir die große Auswahl an Räucheraal inspiziert haben, jeder nur ein Glas Bier.

Deutschland beherrschte im 20. Jahrhundert den gesamten europäischen Aalmarkt. Das ist nicht überraschend, denn beim Aalkonsum liegt das Land im europäischen Vergleich traditionell vorn. »Die Niederlande haben uns mittlerweile vielleicht überholt«, meint Florian und gibt zu bedenken, dass die berüchtigte Aalszene aus Günter Grass' Roman *Die Blechtrommel,* vor allem dessen kongeniale Verfilmung durch Volker Schlöndorff, hierzulande vielen die Lust auf Aal verdorben haben könnte. In der Szene fungiert ein Pferdekopf als Aalköder, aus dem Schädel winden sich die Aas fressenden Tiere. Auch ich erinnere mich sehr gut an die Szene. Wir haben den Roman in der Oberschule auf Frøya gelesen. In meinem Sessel, die Füße auf dem Tisch und den Blick hinaus auf den Fjord, konnte ich mir die Szene, die an der Ostseeküste spielt, lebhaft vorstellen. Aber Florian und ich wissen beide, dass der Aal – auch wenn er bei der Nahrungssuche nicht besonders wählerisch ist – lebende Beute, entweder Fisch oder Insekten, vorzieht.

Der Rückgang des Aalkonsums in Deutschland hat wohl auch ein Stück weit damit zu tun, dass die umweltbewussten Deutschen dem Rat des World Wide Fund for Nature (WWF) und von Greenpeace folgen, keinen Aal mehr zu essen. Gut möglich, dass genau deshalb auch so klar und deutlich »Aquakultur« auf den Schildern bei Rogacki steht. Es scheint für die Kunden ethisch vertretbarer sein, Fische zu verzehren, die in einem Tank extra für den Verzehr aufgezogen wurden. Aber ob ihnen bewusst ist, dass alle Zuchtaale als Glasaale aus der Natur gefischt wurden, in einem Alter, in dem sie noch gar nicht verzehrfähig sind.

Florian, der sich lange mit solchen Frage beschäftigt hat, ist zu dem Ergebnis gelangt, dass nachhaltige Aalfischerei vermutlich die geeignetste Maßnahme ist, um die bedrohte Art zu bewahren. Geeigneter sogar als ein komplettes Fangverbot, wenn es sich denn überhaupt durchsetzen ließe.

Nur: wenn die Fischerei nicht nachhaltig ist, dann sieht das alles ganz anders aus. »Nehmen wir zum Beispiel den Aal, den wir jetzt gleich essen. Bei dem wäre ich mir nicht so sicher«, sagt Florian auf dem Weg zur Kantstraße, einer breiten Hauptverkehrsstraße in Charlottenburg, an der sich eine beeindruckende Anzahl fernöstlicher Speiselokale findet.

Deshalb heißt der betreffende Abschnitt der Kantstraße im Volksmund auch »Kleinasien«. Die angesagten Lokale in Berlin sind solche mit asiatischer Küche, genau wie in den USA. Es gibt vietnamesische, thailändische, taiwanesische, koreanische, chinesische und japanische Restaurants. Die meisten Lokale sind gehobene Gaststätten, die zudem ein wenig europäisiert sind. Florian ist schon in etlichen fernöstlichen Ländern gewesen und weiß, worauf man achten muss. Wir betreten das japanische Lokal, das ein bisschen heruntergekommen wirkt, dafür aber eher moderate Preise verlangt. Die umfangreiche Speisekarte bietet genau das, was wir suchen: *Unagi,* auf traditionelle *Kabayaki*-Weise zubereitet.

»Das schmeckt tatsächlich gut.« Darüber sind wir uns beide einig. Aalfilet, mit einer speziellen Soyasoße bestrichen und gegrillt, bis es golden und saftig ist und eine fast fleischartige Konsistenz hat, serviert auf Reis und etwas Spezialsoße. Vor allem jüngere Leute ziehen diese Zubereitungsart dem guten alten Räucheraal mit Kopf und Schwanz und Haut vor, die abzuziehen gar nicht so einfach ist und wobei man sich richtig fettige Finger holt.

Die japanische Küche ist in Europa und den USA sehr beliebt, aber auch in vielen fernöstlichen Ländern, nicht nur in Japan. Man denke nur an all die Sushirestaurants und -lieferservices, aber auch an die Sakebars (*izakaya*). Man kann *Kabayaki* in vielen westlichen Städten bekommen – und selbstverständlich auch überall in China, Taiwan und Korea. In Japan hat man inzwischen Probleme, den Bedarf des heimischen Markts unter anderem an *Unagi* für *Kabayaki* zu decken. Die Ausbeute der japanischen Aalfischerei geht wie gesagt seit längerem zurück. Auch wenn die Japaner mit ihren Versuchen, den Aal in Gefangenschaft zu vermehren, einen Schritt weitergekommen sind, haben sie noch lange keine Lösung gefunden, um den Bedarf auch nur annähernd zu decken, und deshalb bleiben die vielen japanischen Aalzüchter auf Glasaale angewiesen, die aus dem Meer gefischt werden.

»Das ist ja der Hauptgrund, warum Europäischer und Amerikanischer Aal auf den asiatischen Markt gehen: um den Mangel an Japanischem Aal auszugleichen«, erklärt Florian.

»Und zur Nachfrage aus Japan kommt auch noch die aus dem Rest der Welt hinzu.« In den USA ist der Fang von Glasaalen nur noch in den zwei Bundesstaaten Maine und South Carolina erlaubt. Der Fang darf in den Fernen Osten exportiert werden, aber die gesetzlich festgelegte Höchstmenge ist mit um die fünf Tonnen ziemlich niedrig.

Ein Schmuggler bekommt pro Kilo Glasaal rund 1000 Euro. Bei 100 Kilo wären das 100 000 Euro. 100 Kilo Glasaal ergeben nach etwas mehr als einem halben Jahr Aufzucht einige hundert Kilo ausgewachsenen Aal. Die Nachfrage für *Kabayaki* ist so hoch, dass der Preis entsprechend steigt und mit ihm der Gewinn. Alles in allem verdient der Züchter ein Mehrfaches von dem, was er investiert. Japanischer Aal ist am begehrtesten, für ihn wird am meisten bezahlt. Das verleitet natürliche etliche Händler dazu, ihren Amerikanischen oder Europäischen Aal als Japanischen zu deklarieren. Echte *Kabayaki*-Kenner behaupten zwar, sie könnten den Unterschied herausschmecken, und der Japanische Aal sei eindeutig am besten, aber das spielt, selbst wenn es so sein sollte, ohnehin keine Rolle. Denn der großen Mehrheit der *Kabayaki*-Esser ist es egal, woher der Aal kommt.

»Der Aal, den wir jetzt als *Kabayaki* hier beim Japaner in der Kantstraße in Berlin essen, ist mit ziemlich großer Wahrscheinlichkeit gefroren und vakuumverpackt aus Japan oder China importiert. Und es kann gut sein, dass es sich eigentlich um einen Europäischen oder Amerikanischen Aal handelt, der als Glasaal in den Fernen Osten verfrachtet, in China oder Japan aufgezogen und dort geschlachtet, filetiert und für den Versand hierher eingefroren wurde.« Wenn die Spur unseres Mittagessens hier in Berlin über drei Kontinente führt, dann ist es ein ebenso treffendes wie erschreckendes Beispiel für unser Verhältnis zur Natur und die Auswüchse der Mechanismen der Markwirtschaft. Das an sich leckere *Kabayaki* bekommt einen bitteren Nachgeschmack.

Von Charlottenburg im Westen der Stadt nehmen wir Kurs auf Lichtenberg im ehemaligen Ostberlin. Dort wollen wir den großen vietnamesischen Warenmarkt Don Xuan besuchen. Auf dem riesigen Gelände stehen vier oder fünf große Lagerhallen und eine Reihe Häuser und Baracken. Die Lagerhallen haben Solarzellenpaneele anstelle der üblichen Wellblechdächer, wodurch sie modern wirken. Außerdem und gleichzeitig sind sie ein Stück farbenprächtiger Ferner Osten mitten in einer Umgebung, die ansonsten noch sehr nach DDR aussieht: breite, gerade Straßen, an denen sich graue Plattenbauten schier endlos aufreihen. Ich mag mir nicht vorstellen, wie es gewesen sein muss, vor dem Mauerfall hier gelebt zu haben, auch jetzt sieht es nicht gerade einladend aus.

»Vietnam war ein kommunistisches Land, ein Bruderland, wie die offizielle Sprachregelung lautet, und deswegen gab es hier im Osten ziemlich viele vietnamesische Gastarbeiter«, klärt mich Florian auf. Die vermeintliche Kuriosität einer der größten Fernostmärkte Europas ausgerechnet hier im tristen ehemaligen Ostberlin ist historisch bedingt.

Man findet bei Don Xuan fast alles. Am meisten Betrieb ist natürlich frühmorgens. Wir sind am späten Nachmittag an einem ganz gewöhnlichen Werktag hier, und trotzdem ist es voll und wimmelt es vor Menschen, Asiaten, aber auch Berliner und Touristen.

Florian und ich sind – wie wahrscheinlich die meisten Stadtmenschen in unserem Alter – fasziniert von der fernöstlichen Lebensart und ganz besonders von der fernöstlichen Küche. Wir mögen beide Fleischklößchen mit dampfend heißer und nahrhafter *phở*, wie sie hier in vielen kleinen Lokalen serviert werden – neben vielen anderen interessanten Gerichten mit exotischen Zutaten. Es macht uns Spaß, an grellbunten Kleider- und Schuhgeschäften und Spielhöllen entlang zu schlendern. Dazwischen etliche Friseure und Nagelstudios. Aber am interessantesten sind die angebotenen Lebensmittel. Wir sind aus einem ganz speziellen Grund hier und wollen schauen, wie es mit dem *Unagi*-Angebot aussieht.

Rasch werden wir fündig. In großen Gefriertruhen mit allen möglichen exotischen Fischen finden wir auch etliche Packungen mit *Unagi*. Einige sind lediglich mit dem Wort *Unagi* oder *Kabayaki* beschriftet – weitere Informationen? Fehlanzeige. Das an sich ist ja schon bemerkenswert. Was noch erstaunlicher ist: In fast allen anderen Lebensmittelabteilungen stoßen wir im Folgenden auf Verpackungen, die deutlich japanisch beschriftet sind und auch japanisch aussehen. Und auf der Rückseite steht eine Übersetzung ins Englische und andere westliche Sprachen. Aus der Warendeklaration geht hervor, dass es sich bei dem Importeur um ein niederländisches Unternehmen handelt. Und ganz klar, schwarz auf weiß, steht darauf auch der wissenschaftliche Artenname der Ware: *Anguilla rostrata*, also Amerikanischer Aal. Florian zeigt sich überrascht, meint aber, dass das nicht unbedingt stimmen müsse. Um sicherzugehen, sei eine DNA-Analyse notwendig.

Das haben Florian und seine Kollegen auch schon gemacht. Sie schickten Aal, der als Japanischer oder Amerikanischer angeboten worden war, und auch vor Ort beschlagnahmte Glasaale ins Labor, und in allen Fällen stellte sich heraus, dass die Aale aus Europa stammten. Das war ein Durchbruch in den Bemühungen, Licht in einen riesigen und eigentlich kaum zu kontrollierenden Markt zu bringen.

»Natürlich fühlt man sich gleichzeitig ziemlich machtlos. Die Märkte von Hongkong oder Tokio, wohin alles Mögliche aus allen Ecken der Welt seinen Weg findet, sind ein unübersichtliches Terrain. Aber so langsam bekommen wir einen besseren Überblick«, sagt Florian.

Kürzlich wirkte er an der Dokuserie *Big Business Baby-Aal,* einer deutsch-französischen Produktion von Arte, mit. Die

Miniserie folgt der Reise des Aals – in der Natur wie als Nahrungsmittel – nach Deutschland, Frankreich, Spanien und Hongkong. Außerdem hat er für die SEG unlängst eine wissenschaftliche Dokumentation erstellt, in der die Ergebnisse seiner Arbeit der letzten Jahre präsentiert und Perspektiven aufgezeigt werden. Sie enthält schockierende Zahlen, die belegen, welches gigantische Ausmaß der illegale Markt und der interkontinentale Schwarzhandel mit lebenden Aalen mittlerweile angenommen hat.

Die gesetzliche Quote für die Glasaalfischerei in Frankreich liegt bei rund 60 Tonnen jährlich. Davon gehen etwa 18 Tonnen an Aalaufzuchtbetriebe in verschiedenen europäischen Ländern und rund zwölf Tonnen an Aussetzungsprojekte in ganz Europa. Ziel ist es, die Glasaale an den Hindernissen in den Flüssen vorbei an ihre Zielorte zu bringen. Die deutschen Flüsse und Wasserläufe profitieren davon in besonderem Maße.

Zum Verzehr gelangt nur ein ganz kleiner Teil der Glasaale in die Läden. Stellt sich die Frage, wohin die restlichen verbleibenden rund 30 Tonnen der Quote gehen. Die spanische Polizei hat im vergangenen Jahr acht Tonnen Aal auf dem Weg nach Asien abgefangen, und schätzt, dass eine ebenso große Menge wie die gesetzlich festgelegte illegal gefischt und verkauft wird. Die Zahlen von Florian Stein und der SEG lassen die Vermutung zu, dass der Umfang des illegalen Exports sogar noch erheblich größer sein und bis zu 100 Tonnen betragen könnte. Das wären mehr als 150 Prozent der gesetzliche Fangquote in ganz Europa. Ein Teil davon stammt möglicherweise aus Nordafrika (Europäischer Aal / *Anguilla anguilla*) oder aus Amerika (*Anguilla rostrata*), aber die spanische Umweltermittlungsgruppe Seprona geht von 100 Tonnen geschmuggeltem Glasaal jährlich aus.

Es braucht etwa 3500 Glasaale, um ein Kilogramm auf die Waage zu bringen. Hinter den 300 Kilo, die am Flughafen Madrid beschlagnahmt und in der Oria ausgesetzt wurden, stehen über eine Million Aale. 30 Tonnen Glasaal wären 100 Millionen Aale. Und 100 Tonnen – wer mag es ausrechnen? – wären dann über 350 Millionen Tiere, die jedes Jahr gefischt und illegal von Europa nach Asien verfrachtet werden.

Man muss nicht wirklich gut rechnen können, um zu verstehen, dass die Entnahme diese Mengen, wenn sie dem natürlichen Kreislauf entnommen werden, gravierende Auswirkungen auf den Bestand haben wird. Und dennoch ist es nicht die Glasaalfischerei, sondern der eher marginale Fang ausgewachsener Blankaale auf See, für dessen Verbot sich die EU einsetzt. Es ist klar, dass eine bestimmte Anzahl ausgewachsener Aale mehr Tonnen an Gewicht ausmacht als die federleichten, winzigen, durchsichtigen Glasaale. Aber es ist auch nicht schwer zu verstehen, dass beim Glasaalfang wesentlich mehr Exemplare der Art weggefangen werden.

Es lohnt sich auch, die rein wirtschaftliche Seite etwas genauer zu betrachten. Aus einem Kilogramm Glasaal werden in einem guten halben Jahr – in einer modernen Aalaufzuchtanlage – durchschnittlich 1260 Kilo lebende Aale (eine Sterberate von zehn Prozent ist darin bereits berücksichtigt). Ihr Wert ist bereits auf dem legalen Markt sehr hoch, auf dem illegalen Markt ist er aber gigantisch.

»Dennoch ist der Erlös im nationalen Maßstab vergleichsweise gering oder zumindest nicht bedeutend. Es sind lediglich die einzelnen Akteure, die exorbitant daran verdienen«, rechnet Florian vor. »Wir stehen hier vor einer sehr wichtigen Aufgabe, das ist mir längst klar geworden. Allem Anschein nach ist der Schwarzhandel mit Glasaalen – vielleicht zusammen mit dem Verlust an Lebensräumen durch die Regulierung der Flüsse und Bäche – der entscheidende Faktor bei der Ausrottung der Aale durch den Menschen.«

Mich wühlt das alles ziemlich auf. Ich finde es unglaublich. In Norwegen sind diese Dinge weitgehend unbekannt. Und wahrscheinlich geht es den allermeisten Menschen im restlichen Europa nicht anders. Und das obwohl in den letzten Jahren immer öfter darüber berichtet wird.

Auf Frøya gab es organisierte Kriminelle, die auf die Insel kamen, um Raubvogelnester zu plündern. Die Eier wurden an Falknereien verkauft.

Bei mir zu Hause stehen im Bücherregal ein Elefant und einige geschnitzte Köpfe aus Ebenholz, exotische Souvenirs, die mir meine Großeltern und Großtanten von einer Afrikareise mitgebracht haben. Mein Elefant hat zwei Stoßzähne aus Elfenbein, die aus dem Stoßzahn eines echten Elefanten geschnitzt wurden.

Es heißt, dass die Hauptschuldigen an der Ausrottung der letzten Riesenalken die Forscher und naturgeschichtliche Museen waren, die viel Geld bezahlten, um sich eines der letzten Exemplare des vom Aussterben bedrohten Vogels zu sichern.

Vielleicht ist es ja so, dass wir den Wert der Natur an sich viel leichter erkennen, wenn wir erst einmal ihren enormen ökonomischen Wert erkannt haben?

Ich fahre mit vielen neuen Eindrücken und vielen neuen Fragen zurück nach Hause – und freue mich gleichzeitig noch mehr darauf, beim nächsten Sommerurlaub mit der Familie weiter auf den Spuren des Aals zu wandeln.

Zuchtaal – eine Art *Anguilla frankensteini*?

Es hat lange gedauert, diesen Sommerurlaub zu planen, weil ich zuerst einen gewissen Widerwillen gegen eine Reise unter dem Motto »Auf den Spuren des Aals« überwinden musste.

Meine Frau Cecilie wusste gerade mal so eben, was ein Aal war, als wir in Søgne damals einen am Haken hatten. Nachdem ich ihr und unseren beiden Jungs Edgar und Leon im Zuge meiner Recherchen aber Geschichten über den Aal erzählt habe, hatte ich sie ebenfalls am Haken. Ich erzählte von dem Phänomen Sargassosee und vom Mysterium, dass der Aal zu verschwinden scheint, während es gleichzeitig direkt vor unserer Nase noch jede Menge Aale gibt. Meine Familie weiß, dass mein Vetter Frode mit geschredderten Aalen in der Zeitung stand und erzählt hat, dass die Wasserkraft, von der wir abhängig sind – und die niemand infrage stellt –, zur Umweltzerstörung beitragen kann; und nicht zuletzt war sie fasziniert vom kriminellen Netzwerk des florierenden Schwarzhandels mit Glasaalen, wertvoller als Gold, Kokain oder Elfenbein. Das alles ist spannend, und deshalb können damit auch die Kinder etwas anfangen. Alle Kontinente sind mit im Spiel. Der Aal ist international und hält sich nicht an die vom Menschen gezogenen Grenzen. Und dann gibt es auch noch die ungeheure Vielzahl abwechslungsreicher Aalgerichte, die der norwegischen Küche völlig fremd sind. Kann man ein schleimiges, schlangenartiges Geschöpf wie den Aal, das sich im Eimer windet, wirklich essen? Ja, langsam versteht die Familie, dass eine Geschichte dahintersteckt, und der Gedanke an eine Art »Themen-Sommerferien«, was an sich etwas ganz Neues ist, ist allein deshalb schon reizvoll. Immer nur Badestrand ist auch nicht das Wahre.

Jeden Sommer führen wir die gleiche Diskussion. Ich will immer lieber zu Hause bleiben. Sørland ist im Sommer das Urlaubsziel, zu dem es alle Norweger hinzieht – es wäre doch blöd, ausgerechnet im Sommer von dort wegzufahren. Schon seit dem fantastischen Sommer 1997 bin ich der Gegend verfallen. Weiter südlich in Europa ist es im Juli außerdem feuchtheiß und überlaufen. Deshalb möchte ich am liebsten hierbleiben, aber meine Frau und meine Kinder wollen unbedingt verreisen.

Das kann natürlich auch daran liegen, dass im reichen Norwegen von heute einfach erwartet wird, dass man sich etwas leistet und verreist. Wir reisen heute öfter – und länger – als früher. Auf Frøya war unsere Familie eine der wenigen, die überhaupt Reisen unternahm, und dazu noch so weite, bis nach England. Damals in den 70er- und 80er-Jahren war es in der äußeren Trøndelag noch nicht üblich zu fliegen, denn Flugreisen waren sehr teuer und somit nur wenigen vorbehalten. Fähre und Auto waren die üblichen Verkehrsmittel, und wir fuhren – Sommer für Sommer – den ganzen langen Weg von Frøya nach Göteborg, nahmen dort die Autofähre nach Harwich und fuhren von da aus weiter bis Gants Hill in London. Das Ganze dauerte mehrere Tage. Dafür blieben wir aber auch mehr oder weniger die ganzen Sommerferien in London bei meinen Großeltern.

»Papa, ich muss mich übergeben!«, höre ich es vom Rücksitz und schaffe es gerade noch bis zu einer kleinen Ausbuchtung an der schmalen Landstraße, wo mein Sohn aus dem Fond springt und seinen Mageninhalt einem Graben anvertraut.

Dass ihm schlecht wurde, liegt vermutlich an dem Riesen-Milchshake, den er unterwegs unbedingt haben wollte. Und den wir blöd genug waren, ihm zu kaufen. Ich tröste ihn damit, dass wir bald da sind – und sehe einen Augenblick lang mich selbst, in zahllosen ähnlichen Situationen auf unseren endlosen Reisen von Frøya nach London und zurück.

Es sind wirklich nur noch 20 Minuten, bis wir das kleine Städtchen Thisted in Nordwestjütland erreicht haben, wo wir den Landwirt Bjarne Thomsen besuchen wollen, der seinen Hof zu einem Aalaufzuchtbetrieb umgewandelt hat. An dem großen fabrikhallenartigen Gebäude der Royal Danish Fish im nahe gelegenen Hanstholm sind wir schon vorbeigekommen. Das ist die größte Aalfarm in Dänemark, eines der weltweit führenden Unternehmen. Aber dort hatte ich kein Glück mit meiner Bitte, mir den Betrieb einmal anschauen zu dürfen.

Der Erste, der uns auf dem Hof Skovsted entgegenkommt, ist ein riesiger, bärenhafter Bernhardinerhund, der, kaum, dass ich die Autotür geöffnet habe, an mir hochspringt und gestreichelt werden will. Leon ist dieser stürmische Empfang nicht ganz geheuer, er bleibt lieber auf der Rückbank sitzen. Zum Glück kommt Bjarne herbeigeeilt, denn der Hund will immer weiter gestreichelt werden und denkt gar nicht daran, mich loszulassen. Aber Bjarnes strengem Kommando gehorcht er, und so können alle aussteigen und werden auf Menschenart begrüßt. Bjarne hat viel zu tun, also werden wir mit (wie wir Norweger immer finden) typisch dänischer Effizienz direkt in ein Gebäude geführt, das einmal ein großer Schweinestall war. Von solchen gibt es in Dänemark viele. Aber dieser ist seit einiger Zeit eben eine Aalfarm. Anstelle der ehemaligen Schweinekoben stehen darin jetzt große, runde Wassertanks, in denen Hunderttausende Aale verschiedener Größe schwimmen. In die Tanks mit den allerkleinsten Aalen hineinzuspähen, ist ein ganz besonderes Erlebnis. Sie haben das Entwicklungsstadium kurz nach dem Glasaal erreicht und sehen schon ganz wie Aale aus, sind allerdings noch winzig, geschätzt um die zehn Zentimeter. Sie schwimmen wild durcheinander. An einer Art Teigklumpen, der nach Fisch riecht, hat sich eine Menge von ihnen festgebissen und zerrt unter Einsatz des ganzen Körpers daran. Auch meine Frau und die Kinder sind fasziniert von diesem Anblick. In Leons Blick erkenne ich etwas, das, wie ich finde, zum Besten im Leben gehört: kindliche Leidenschaft und unbefangene Neugier, eine erwartungsfrohe Offenheit für die Vielfalt des Lebens.

Leon erinnert mich an meinen Besuch in der Smoltlachszucht Ervika auf Frøya. Ich hatte angefangen, in den Seen zu angeln, und war von Fischen fasziniert. Jeder Fisch, den ich an den Haken bekam, sah ein wenig anders aus, was mich sehr beschäftigte. Ich konnte mich damals lange in Abbildungen von Fischen versenken. Über diese Fähigkeit verfüge ich heute nicht mehr. Reidar gehörte zu den Leuten, die damals Jungforellen in den Seen auf Frøya aussetzten. Mit seiner eigentlichen Arbeit hatte das aber nichts zu tun. Er war in der Fischfabrik beschäftigt, die ihren Bedarf ursprünglich aus dem Fang der Fischer und später weitgehend aus den Aufzuchtbetrieben deckte. Es war eine Zeit des Umbruchs auf der Insel, in der aus einer Fischergemeinde eine Fischzüchtergemeinde wurde. Ich kann mich noch gut daran erinnern, wie ein Zuchtbetrieb nach dem anderen gebaut wurde. Heute ist Frøya eine der Gemeinden mit den meisten Fischzuchtanlagen in Norwegen. Auch landesweit hat die Fischzucht den Fischfang bezüglich der wirtschaftlichen Bedeutung längst in den Schatten gestellt. Ja, sogar weltweit spielt die Fischzucht heute eine bedeutendere Rolle als die Fischerei. Erst jetzt wachen wir allmählich auf und erkennen auch die Probleme der Lachszucht im Meer – so wie wir sie hierzulande betreiben –, und dass auch die Wasserkraftwerke nicht nur positive Effekte zeitigen, sondern der Natur sogar unmittelbar Schaden zufügen. Und, so kann man ergänzen: auch der Kultur, also unserem Verhältnis zur Natur. Gerade Letzteres müssen wir meiner Meinung nach gründlich überdenken, um zu verstehen, worum es am Ende geht. Wenn wir die Natur nicht mehr als Nahrungsquelle sehen, geht uns das Verständnis grundlegender Zusammenhänge verloren, bekommen wir ein verwackeltes, unscharfes Bild von der Natur und damit letztlich auch von uns selbst.

Die Fischzucht kam auf und expandierte rasch, weil man die Fischbestände im Meer »schonen« wollte und weil auf diese Weise der Fisch nachhaltiger »erzeugt« werden konnte. In dieser Hinsicht ist gerade die Aalaufzucht ein sehr interessantes Beispiel.

Denn eigentlich sollte man, dass die Nachzucht einer vom Aussterben bedrohten Fischart eine gewisse Form von Rettung darstellt. Wenn dem so wäre, könnte man gleich den ganzen Fischbedarf aus Aufzuchten decken und die wilden Fischbestände in Frieden lassen.

Das Problem beim Aal besteht aber darin, dass es bis jetzt noch niemandem gelungen ist, ihn in Gefangenschaft zu vermehren. Wir wollen später auf unserer Reise noch jemanden in den Niederlanden besuchen, der entsprechende Versuche durchführt – aber so lange, bis es wirklich gelingt, ist die Aufzucht von Aalen eigentlich gar keine, sondern bloß ein *Großziehen* bereits geborener Aale. Die Züchter kaufen in Freiheit gefischten Glasaal, den sie füttern, bis er die richtige Größe für den Verzehr hat.

Bjarne erzählt, dass er seine Glasaale von Franzosen an der Biscayaküste kauft. Das Unternehmen Royal Danish Fish gibt auf seiner Internetseite an, dass es seine Glasaale in England kauft. Alle diese Glasaale werden im Meer gefangen. Ich denke an Rogacki in Berlin zurück, wo ein Schild über den Räucheraalen den umweltbewussten Deutschen versichert, dass sie aus Aquakultur stammen. Als ob das nachhaltiger wäre als gefischter wilder Aal. Wenn man die Realität dahinter kennt, weiß man, dass Aufzucht und Fang von Aalen im Grunde dasselbe sind. Am Ende sind das alles Fische aus demselben Bestand, der offiziell als »Vom Aussterben bedroht« gilt.

»Wir Aalzüchter haben ein reines Gewissen. Denn einen großen Teil unserer Aale entlassen wir wieder in die Freiheit«, versichert Bjarne. Wie viele Bauern und Fischer, denen ich begegnet bin, wirkt er aufrichtig und gradeheraus. Er schüttelt den Kopf und lacht bloß über das, was sein viel größerer Konkurrent Royal Danish Fish auf seiner Internetseite schreibt: Für jeden fünften Aal, der als Glasaal angekauft und aufgezogen werde, werde ein ausgewachsener Aal im Meer ausgesetzt. Ein Fünftel der Aale, die sie aufziehe, lasse die Royal Danish Fish also wieder frei?

»Na ja, ich setze auch ein Gutteil der Aale in den Tanks hier wieder aus, nur mache ich nicht so viel Aufhebens davon«, entgegnet Bjarne. Es ist tatsächlich so, dass die Aalaufzüchter ihren Teil zum Wiederbesatz von Flüssen und Gewässern mit Aalen – dem sogenannten Restocking – in ganz Europa beitragen. Oft erfolgen die Besatzmaßnahmen in Seen und Flüssen, die heute reguliert und mit Wasserkraftanlagen, Dämmen oder Schleusen verbaut sind. Das ist zweifellos eine gute Sache, die nicht zuletzt dazu führt, dass die Aalaufzüchter ein sehr viel positiveres Image besitzen als die Küstenfischer, die erwachsene Aale fingen – bis die Politik es ihnen verbot.

»Das ist ziemlich paradox«, gibt Bjarne zu.

Er macht nicht den Eindruck, als grübelte er viel über diese grundlegenden Fragen. Skovsted ist ein kleiner Familienbetrieb mit wenigen Angestellten. Bjarne hat 1988 »nur so zum Spaß«

mit ein paar Tanks angefangen. Wohl deshalb, weil er selbst gerne Aal aß. Seit diesem zaghaften Beginn ist sein Hof immer mehr zur Aalfarm geworden. Inzwischen erzeugt er jährlich fast 100 Tonnen ausgewachsenen, verzehrtauglichen Aal.

»Verglichen mit der Royal Danish Fish ist das zwar wenig, aber es läuft schon ganz gut«, lächelt er. Er bestätigt, dass die Preise für Glasaal in den letzten Jahren gestiegen sind; die Preise für »schlachtreifen« Aal allerdings auch – was für weiterhin gute Gewinne der Aalfarmer sorgt.

Andererseits sind da die Erfahrungen aus dem Fernen Osten, wo genau dieses Prinzip den Glasaalschmuggel aus Europa und Amerika massiv befördert – und die Aufzucht. Die Glasaale, die aus Europa nach Asien geschmuggelt werden, sind ja eben für die Aufzüchter bestimmt, die gut daran verdienen, sie zur »Schlachtreife« heranzufüttern.

Bjarnes Aale dagegen gehen größtenteils auf den Inlandsmarkt. Die Nachfrage nach Aal, besonders nach Räucheraal, ist in Dänemark groß. Dennoch würde Royal Danish Fish einen Teil ihrer Aale exportieren, meint Bjarne.

Auf der Weiterreise machen wir einen Abstecher nach Osten ans schwedische Ufer des Öresunds. Hier in Helsingborg ist Scandinavian Silver Eel ansässig, die einzige schwedische Aalfarm. Wir werden empfangen von Richard Fordham. Der gebürtige Engländer bezieht die Glasaale aus seiner Heimat. Im Gespräch mit ihm wird schnell klar, dass er eine verantwortungsvolle und von Umweltbewusstsein geprägte Sicht auf die Dinge hat – etwas, das wir bei Bjarne ein wenig vermisst haben. Seine insgesamt fünf Mitarbeiter sind genauso aalbegeistert wie die Fischer und Wissenschaftler, denen ich auf meinen Aalreisen begegnet bin. Alle fünf sind Miteigentümer der Aalfarm, wobei sofort deutlich wird, dass es ihnen nicht allein um den Profit geht, dazu kennen sie sich viel zu gut mit dem Aal und all den damit zusammenhängenden Schwierigkeiten aus.

Die Aalzucht befindet sich in einem großen Lagerhaus am Rand des Industriegebiets am Hafen. Die Büros sind in Baracken untergebracht. In den Regalen stehen alle möglichen Bücher über Aale, und es überrascht uns angesichts der Bibliothek nicht, als wir erfahren, dass mehrere Mitarbeiter studierte Biologen sind.

»Und einige von uns sind auch begeisterte Sportangler!«, sagt Richard lachend. Er und einige seiner Kollegen fahren zum Fliegenfischen oft nach Norwegen, am liebsten an die Lachsflüsse. »Ja, ich glaube fest daran, dass wir hier etwas Positives für den Aal bewirken, indem wir sehr viele Tiere aus unserer Aufzucht in die Freiheit entlassen. Wir beschleunigen auf jeden Fall den natürlichen Vorgang. Von der englischen Küste aus brauchen die Glasaale normalerweise etwa ein Jahr bis hierher, und die Sterblichkeitsrate in der Natur ist sehr hoch. Hier bei uns ist sie praktisch gleich null, und wenn der Aal dann ausgesetzt wird, ist er stärker und hat größere Überlebenschancen auf der langen Wanderung in die Sargassosee zum Laichen«, meint Richard. Der Betrieb verkauft gut 120 Tonnen Aalfleisch jedes Jahr. Zusätzlich setzt er jedes Jahr schätzungsweise drei Millionen lebende Aale aus.

Das hört sich für mich nach sehr viel an.

»Diese Menge entspricht 70 Prozent unserer Produktion. Wir setzen also 70 Prozent der aufgezogenen Aale wieder aus.« Ich frage mich, wie der Betrieb da noch Gewinn machen kann. Aber Richard erklärt, dass sie auch die ausgesetzten Aale sozusagen verkaufen. Dafür bezahlen nämlich Umweltbehörden und Fischereiverwaltungen. Scandinavian Silver Eel verdient also auch an diesem Teil seiner Tätigkeit.

Insgesamt wirkt hier vieles gut durchdacht. Das Ganze begann als eine Art Nebenprodukt eines Projekts zur

Kühlwassernutzung. Die Fabriken am Öresundhafen gaben ihr Kühlwasser mit konstanten 25 °C wieder ab, was sich als perfekt für die Aalaufzucht erwies. Dieses System hat der Betrieb verbessert und weiterentwickelt. Die Abfälle (Futterreste und Schlamm) werden als Dünger an die Bauern weiterverkauft. Genauso macht es übrigens Bjarne aus Thisted, der mit seinen Aalzuchtabfällen seine eigenen Felder düngt.

Richard steht mit Forschern aus Schweden und dem restlichen Europa in Kontakt. Sie versuchen nachzuweisen, dass die ausgesetzten Farmaale den Weg ins Sargassomeer finden, um dort zu laichen. Wenn das so wäre, hätten sie durchaus recht damit, dass eine Aalfarm fast 70 Prozent der angekauften Glasaale das Überleben sichert und möglicherweise für eine bessere Überlebensquote sorgt, solange es so viele Hindernisse für die Glasaale auf dem Weg stromauf und für die zurückwandernden Blankaale gibt.

In einer Studie von 2014 beschreibt ein schwedisches Forscherteam, wie es den Wanderweg markierter Aale in Schweden und auf der klassischen Route die norwegische Küste entlang und dann nördlich und westlich an den Britischen Inseln hinunter in den Golfstrom verfolgte. Einige Exemplare wurden bis zu den Azoren geortet, also bis zur letzten Etappe vor der Sargassosee, und einige davon kamen tatsächlich aus Richards Aalfarm. Damit hat er den Beweis zumindest für die Möglichkeit, dass ausgesetzte Aufzuchtaale die Sargassosee erreichen. Aber wie groß der prozentuale Anteil ist, um den es hier geht, und ob sie wirklich den ganzen Weg schaffen, das kann man heute noch nicht mit Gewissheit sagen. Und auch nicht, ob sie an ihrem Zielort dann auch wirklich laichen.

In den Niederlanden opfere ich einen der Tage, die wir in Amsterdam verbringen, um mit dem Zug zur Universität Wageningen zu fahren. Dort treffe ich den Aalforscher Arjan Palstra, der in den letzten Jahre das größte Aalprojekt in Europa mit Namen »Eelric« geleitet hat. Mehrere europäische Länder und wissenschaftliche Institutionen aus Neuseeland, Japan und den USA sind daran beteiligt. Bei Eelric geht es um den Wissensaustausch im Wettlauf um die Lösung der entscheidenden Aalfrage: Wie bringt man den Aal dazu, sich in Gefangenschaft zu vermehren? Die Antwort würde nicht nur in kommerzieller Hinsicht enorme Möglichkeiten eröffnen, sie wäre auch aus rein wissenschaftlicher Perspektive von grundlegender Bedeutung. Für den »vom Aussterben bedrohten« Europäischen Aal könnte das der Durchbruch zu einer Art Rettung sein. Und man könnte auf diese Weise den Fang von Glasaalen für die Aufzucht bedeutend reduzieren.

Arjan befasst sich seit 17 Jahren wissenschaftlich mit dem Aal und ist geradezu besessen davon, den Zyklus und die Biologie dieser Tiere zu verstehen. Als Leiter des Gesamtprojekts muss er sich um Organisatorisches kümmern und nicht zuletzt darum, sowohl die Industrie als auch die Wissenschaft einzubinden. Finanziert wird das Ganze von der Industrie, hauptsächlich vom niederländischen Verband der Aalzüchter, -fischer und -händler. Es ist diesem Verband namens Dupan gelungen, eine Finanzierungsstiftung zu gründen, über die er staatliche Unterstützung erhält, wenn er für jeden verkauften Aal einen gewissen Prozentsatz an den Eel Stewardship Fund (ESF) abführt. Der ESF wiederum finanziert unter anderem Projekte wie Eelric und das Aussetzen von Aalen sowie die Bemühungen, Sperren und Barrieren in Wasserläufen abzubauen. Der Aalkonsument bezahlt mit dem Kaufpreis also auch die Schutzmaßnahmen und Forschungsvorhaben.

Arjan gesteht freimütig seine ethischen Bedenken und sein Hin- und Hergerissensein zwischen dem Glauben an das gute

Gelingen des Vorhabens und dem Zweifel daran. Ihn treibt der Wunsch an, die Biologie der Fische zu verstehen, das Problem zu lösen, den Code zu knacken. Warum kann sich der Aal nur im fernen Sargassomeer vermehren? Am Ende eines komplexen Zyklus, der so schwer zu begreifen ist? Wer eine Antwort darauf erwartet, muss verstehen, dass der Aal keiner menschlichen Ordnung folgt; er hat keinen bestimmten Rhythmus, und es gibt sicherlich eine ganze Reihe noch unbekannter Faktoren, beispielsweise die Ernährung oder die Wasserqualität.

Das praktische Wissen über den Fang und Verzehr von Aalen besitzt die Menschheit seit Anbeginn der Zeit. Aale wurden schon in der Steinzeit gefischt und gegessen, davon zeugen Wandmalereien, beispielsweise die vor 17 000 Jahren angefertigten in den Höhlen von Lascaux. Fanganlagen und Funde von Grätenresten belegen, dass Aale schon vor langer Zeit überall in Europa auf dem Speiseplan standen. Der Erste, der den Aal aus wissenschaftlicher Sicht betrachtete, war Aristoteles. Er verfasste eines der ersten allgemeinen naturkundlichen Werke und beschrieb darin auch den Aal. Was Aristoteles beschäftigte – und wovon noch 2300 Jahre später Arjan Palstra besessen ist –, war die Frage, woher der Aal eigentlich kommt. Man wusste schon von der Wanderung zwischen Süß- und Salzwasser, von goldbraunen und silberweißen Aalen, und man hatte auch schon beobachtet, wie Glasaale die Flüsse hinaufschwammen. Daraus konnte man sich zusammenreimen, dass das Ablaichen irgendwo draußen im Meer stattfinden musste. Und das war damals gleichbedeutend mit Mittelmeer, denn es war seinerzeit das einzige Meer, das man kannte. Aristoteles ging der Sache auf den Grund und sezierte Aale, das Geschlechtsorgan fand er aber nicht. Daraufhin mutmaßte er, die kleinen Aale würden aus dem Inneren der Erde aufsteigen, geradewegs durch den schlammigen Meeresboden vor der Küste. Spätere Wissenschaftler entwickelten eigene Theorien. Der römische Naturkundler Gaius Plinius Secundus meinte, die ausgewachsenen Aale, die flussabwärts wanderten, schürften sich an den Steinen Hautfetzen ab, die sich zu neuen kleinen Aalen entwickeln würden. Noch im 17. Jahrhundert glaubte man, Aale entstünden aus Tautropfen. Ende des 19. Jahrhunderts hatte immer noch niemand das Geschlechtsorgan des Aals entdeckt. (Einer der Assistenten, die damals zur Klärung dieser Frage an der Sektion Tausender Aale teilnahmen, wurde später weltberühmt: der junge Student Sigmund Freud.) Im Jahr 1897 entdeckte der Zoologe Giovanni Battista Grassi in der Straße von Messina ein ausgewachsenes Aalmännchen, das voller Spermien war. Grassi war aufgrund seiner Forschungen zu Mücken als Überträger der Malaria damals schon ein angesehener Wissenschaftler. Die Malaria gab es nämlich auch in Europa, und Grassis Forschungen halfen dabei, sie einzudämmen und schließlich in Europa auszurotten. (Interessanterweise gab es einen engen Zusammenhang zwischen Mücken und Aalen, weil alle bekannten Aalgebiete, zum Beispiel Comacchio, Ely, Lough Neagh und die Niederlande, große Sumpfflächen aufweisen, wo besonders die Mücken gedeihen, deren Larven wiederum vom Aal gefressen werden.) In späteren Jahren hatte sich Grassi der Aufgabe verschrieben, herauszufinden, woher der Aal kam. Er glaubte noch, dass alle Aale – wie überhaupt alles, was gut war – aus dem Mittelmeer kämen.

Grassi und seine Kollegen hatten, als sie das samentragende Aalmännchen fingen, zuvor bereits eine andere sensationelle Entdeckung gemacht. Es war nämlich schon lange bekannt, dass die Tiefseefischer im Mittelmeer als Beifang immer wieder Mengen flacher, blattförmiger und ganz durchsichtiger Kleinfische im Larvenstadium fingen, deren Augen bloß schwarze Punkte waren. Sie wurden damals *Leptocephalus* genannt. Grassi verglich die Vertebra (den obersten Rückenwirbel) dieser Fischchen mit bekannten Fischarten, um herauszufinden, zu welcher Art sie sich später entwickeln würden – und stellte schließlich die Hypothese auf, dass es sich um die Larvenform des Aals handelte. Nach weiterer Suche fand er ein Exemplar, das gerade im Übergang zum kleinen (Glas-)Aal war. Versuche im Aquarium bestätigten ihm, dass sich die flachen, durchsichtigen Fischlarven in pigmentierte Aale verwandelten. Grassi zählte zwei und zwei zusammen und glaubte, damit die Lösung des Aalproblems gefunden zu haben: Die Aale entstanden in der Tiefe des Mittelmeers. Das war ein großer Durchbruch für die Wissenschaft.

Unser heutiges Wissen über den Aal geht zurück auf den Dänen Johannes Schmidt, der in der Zeit zwischen dem Ersten und Zweiten Weltkrieg durch eigene Beobachtungen und Überlegungen eine neue globalisierte Sichtweise begründete, bei der nicht mehr das Mittelmeer im Zentrum stand und der Aal – wie so vieles andere – international wurde. Finanziert vom stattlichen Fonds der Carlsberg-Brauerei unternahm Schmidt mehrere Expeditionen auf dem Atlantik und stieß dabei auf immer kleinere *Leptocephalus*-Larven, je näher er der Sargassosee kam. Die allerkleinsten, die er fand, waren kaum fünf bis sieben Millimeter lang, völlig transparent und gerade eben sichtbar. Man kann wohl sagen, dass Johannes Schmidt die Nadel im Heuhaufen gefunden hatte. Wahrscheinlich waren sie nur ein paar Tage alt. Daraus schlussfolgerte er 1927 das, was heute noch den Kern unseres Wissens über den Vermehrungszyklus der Aale ausmacht: Alle Aale aus Europa und Amerika paaren sich in den Tiefen des Sargassomeers. Nach der Paarung, so wird angenommen, sterben die Alttiere, und der Laich treibt frei im Wasser. Aus diesen Eiern schlüpfen millimeterkleine *Leptocephalus*-Larven, die auf der jahrelangen Wanderung mit dem Golfstrom Richtung Europa von fünf Millimeter auf fünf Zentimeter Länge wachsen und, wenn sie noch größer werden, ihre Blattform verlieren, die eines minischlangenförmigen Aals annehmen und zum Glasaal werden. Aber bis heute hat noch niemand die Paarung der Aale und das Schlüpfen der Larven aus dem Ei beobachtet.

»Es gibt auf der ganzen Welt nur so um die 50 Leute, die gesehen haben, was du jetzt gleich sehen wirst«, sagt Arjan mit einem verschwörerischen Lächeln. Genau deswegen bin ich ja hierher nach Wageningen gefahren, während die Familie lieber Sightseeing in Amsterdam macht. Doch erst muss Arjan noch seinen mir gegenüber etwas skeptischen Assistenten überreden, der die praktische Forschungsarbeit leitet. Verständlich, denn es geht um nicht weniger als eine Sensation: Es ist ihnen nämlich tatsächlich gelungen, Aale in Gefangenschaft zu vermehren. Und gerade jetzt haben sie sowohl befruchteten Laich als auch zwei Tage alte, also ganz frisch geschlüpfte kleine Aallarven.

Ich habe den Anfang der Welt gesehen – so lautet der auf Deutsch übersetzte Titel des Buchs *Jeg har sett verden begynne* von Carsten Jensen. Genau diese Worte gehen mir durch den Kopf, als ich durch die Plexiglasscheibe in das kleine Aquarium blicke. Zuerst erkenne ich gar nichts und glaube schon, es sei das falsche Aquarium und man habe mich aus Versehen vor ein leeres Becken geführt. Die Aquarien und die technischen Anlagen, die sie versorgen, stehen hier dicht an dicht vor großen schwarzen Vorhängen, Arjan leuchtet mir mit einer kleinen Stirnlampe. Dann aber erahne ich eine Bewegung im Wasser und schaue noch einmal ganz genau hin. Doch, da ist tatsächlich ein winzig kleines Lebewesen. Ganz durchsichtig und so klein, dass man es mit dem bloßen Auge kaum erkennt. Jetzt nehme ich auch noch andere wahr. Es sieht aus, als schwebten sie senkrecht im Wasser, aber hin und wieder bewegen sie sich ein wenig, und eines dreht eine Art Pirouette, bevor es wieder seine reglos senkrechte Haltung einnimmt. Das sind Aallarven, einen oder zwei Tage alt. Daneben treiben winzige Eier. Auch der Laich ist ganz durchsichtig und erinnert an kleine Seifenblasen.

Ich habe den Anfang der Welt gesehen, denn genauso hat sie einmal angefangen, vor Hunderten Jahrmillionen, als alles begann. Ein mikroskopisch kleines Wesen aus den Tiefen des Meeres, das sich zu einem Tier entwickelte, das an Land kroch, oder in diesem Fall: ins Süßwasser. Ich stehe hinter einem Vorhang in einem Raum voller Aquarien und wissenschaftlicher Gerätschaften, in einer nüchtern-sterilen Laborumgebung der Universität Wageningen in den Niederlanden, und bin tief bewegt. Arjan dürfte dies kaum seltsam vorkommen. Er weiß, wie großartig das ist, was er hier erreicht hat, und davon abgesehen ist auch er jedes Mal selbst wieder gerührt von diesem fantastischen Anblick.

Den Code haben sie also geknackt und die Aallarven zum Schlüpfen gebracht. Jetzt müssen sie das nächste Problem lösen, nämlich wie man die Aallarven dazu bringt, ihre erste – und entscheidende – Nahrung aufzunehmen, damit sie wachsen und sich zu *Leptocephalus*-Fischchen entwickeln und danach zu Glasaalen und schließlich zu richtigen, ausgewachsenen Aalen. Leicht wird das nicht.

Der Grund dafür, dass die Europäischen und Amerikanischen Aale gerade in den Tiefen der Sargassosee schlüpfen und nicht irgendwo anders, könne durchaus sein, dass die jungen Larven dort und nur dort alles vorfinden, was sie zum Wachsen benötigen. Was fressen diese winzigen Aallarven wohl? Vielleicht eine Art Plankton? In einem bestimmten Stadium bekommen die pfenniggroßen Larven Zähne. Aber was sie fressen und wie sie das Larvenstadium überleben und sich weiter verwandeln, ist noch nicht erforscht. Diese Larven, die ich jetzt gesehen habe, werden höchstwahrscheinlich nicht überleben.

In Japan ist man schon viel weiter. Hier sind Aale nicht nur geschlüpft, sondern bis ins ausgewachsene Stadium aufgezogen worden. Und diese Aale haben ihrerseits bereits wieder abgelaicht und neue Larven produziert, die wiederum aufgezogen worden sind. Hier vollzieht sich in der Zucht der komplette Kreislauf. Aber noch ist das alles nicht kommerziell verwertbar. Der Prozess erstreckt sich über eine sehr lange Zeit und ist viel zu kompliziert. Der Japanische Aal hat eine kürzere Wanderroute als der Europäische, und die japanischen Meeresbiologen wissen viel mehr über die nahe dem Marianen-Archipel gelegene Region des Meeres, die den Japanischen Aalen gewissermaßen als Sargassosee dient. Der Europäische Aal hat im Vergleich zu den anderen Arten die längste und komplizierteste Reiseroute.

Am Eelric-Projekt arbeiten auch japanische Wissenschaftler mit und tragen ihr Wissen bei. Ihre Erkenntnisse lassen sich zwar nicht eins zu eins übertragen, aber das Wissen insgesamt nimmt stetig zu und steht auf einer immer breiteren Basis.

Ich gestehe Arjan, dass ich mir, bevor ich ihn besuchte, nicht ganz sicher war, was ich von dem ehrgeizigen Projekt halten sollte. Dass ich es im Grunde schön finde, dass es noch etwas gibt, das wir nicht wissen und nicht kontrollieren können. Dass uns der Aal immer wieder entwischt, auch hier. Dass er seinen eigenen, unergründlichen Willen hat. Arjan versteht das gut und sagt, dass auch ihn diese Fragen umtreiben und er ständig mit sich selbst diskutiert und das Für und Wider abwägt. Gleichzeitig sei er aber überzeugt, dass sein Vorhaben, wenn es denn gelingen sollte, einen positiven Effekt auf die Bestände in Freiheit haben würde und am Ende vielleicht auch den Europäischen Aal »retten« könnte.

Vielleicht ist es nur eine romantische Idee von mir, aber ich würde jetzt am liebsten sagen, der Aal sei das letzte Geschöpf auf dieser Welt, das noch wild ist, in dem Sinne, dass der Mensch ihn nicht vollständig analysieren und ihn nach Belieben züchten kann. Das wird auch erst mal noch so bleiben. Denn ein Durchbruch zu einer kommerziell verwertbaren Nachzucht von Aalen liegt vorläufig noch in weiter Ferne.

Die Aale sind auf ihrer Reise, meine Familie und ich sind auf unserer. Und Arjan ist ebenfalls auf einer Reise, deren Ziel noch nicht bekannt ist. »Ich würde unglaublich gerne in die Sargassosee fahren,« gesteht er. Ich kann ihn vollkommen verstehen, denn von diesem riesigen, tiefen, sagenumwobenen Gewässer fast am Ende der Welt geht zweifellos eine große Anziehungskraft aus.

Aber das Ende der Welt ist schließlich relativ, es hängt davon ab, wo man sich selbst befindet. Wenn man jetzt in der Sargassosee wäre, wo läge da für einen das Ende der Welt? Vielleicht wäre es ja Norwegen, noch genauer: Frøya?

Und wenn man dort wäre, in der Sargassosee, wäre es vielleicht auch ein bisschen enttäuschend. Es ist ja nur ein großes Meeresgebiet, und die Tiefen da unten – wo all das geschieht – sind uns gewöhnlichen Sterblichen ohnehin nicht zugänglich. Da ist auf Umwegen schon mehr zu holen, für Wissenschaftler wie für Autoren. An der Oberfläche, nahe unserer eigenen Menschenwelt.

Doch wenn wir eines Tages die Möglichkeit hätten, dort hinunterzufahren, wären wir dabei? Aber gewiss, da sind wir uns beide einig.

Im eigenen Spiegelbild ertrinken

Volendam, ehemals bedeutende Hafenstadt, eine halbe Autostunde nördlich von Amsterdam am Ijsselmeer gelegen, das eigentlich ein See ist, hat sich zu einem Touristenmagneten entwickelt. Mit Bussen und Fähren kommen so viele hierher, dass der Ort unter dem Ansturm ächzt. Die Besucher wollen das Flair eines »echten historischen Fischerörtchens« erleben. Die Frage ist nur, wie authentisch das alles überhaupt noch ist, mit all den Verkaufsbuden, den genervten Einheimischen und den teils gelangweilten Verkäufern, von denen einige traditionelle Trachten tragen. Nach ein paar Stunden in der herausgeputzten Stadt mit ihren zweifellos pittoresken Fassaden haben wir jedenfalls genug. Ist das alles?

Am nächsten Morgen verlasse ich unser Hotel mit Sonnenaufgang, der Rest der Familie schläft noch. Jetzt sehe ich die Stadt buchstäblich in einem anderen Licht. Es ist kurz vor sechs Uhr. Diejenigen, die schon wach sind, Einheimische auf ihrem Weg zur Arbeit, nach Amsterdam vielleicht oder in den Nachbarort Purmerend, der etwas größer ist als Volendam, grüßen mich freundlich.

Ich biege in eine Nebenstraße ein, auf dem Weg zu Jan Smits Schlachterei und Räucherei, zu finden hinter dem besten Restaurant der Stadt, Smit Bokkum. Das Ladenlokal liegt fünf Gehminuten von der Volendamer Innenstadt entfernt.

»Daher verirren sich nur wenige Touristen hierher, wer den Weg in die Räucherei auf sich nimmt, weiß, was ihn erwartet«, sagt Jan Smit mit ironischem Lächeln. »Die Gäste in meinem Restaurant essen, was ich zubereite. In der Regel loben sie das

Essen, es schmeckt ihnen, aber was sie da verzehren, wissen sie eigentlich nicht. Zwischen dem Restaurant und der Räucherei hier drinnen gibt es nur eine Einbahnstraße. Da muss erst ein Autor den weiten Weg aus Norwegen bis hierher machen«, sagt er.

Das stimmt so natürlich nicht. Vor mir sind schon viele hier gewesen. Einer war vor einigen Jahren schon Andrew Zimmern von der amerikanischen Fernsehserie *Bizarre foods*. Den Bericht über Volendam allgemein und das Smit Bokkum im Besonderen hat Jan Smit natürlich zu Werbezwecken genutzt. Das Erste, was man auf seiner Website sieht, ist ein Videoclip, in dem Andrew Zimmern in der Räucherei einen Aal probiert. Seitdem sind Gourmetjournalisten aus aller Welt hierhergekommen, aber Jan hat trotzdem recht, wenn er sagt, dass die große Masse gleichgültig gegenüber der Herkunft und den Bestandteilen der Nahrungsmittel ist, im weiteren Sinne auch gegenüber der Natur und Kultur ihrer unmittelbaren Umgebung.

Jan Smit ist ehemaliger Fußballprofi. Volendam hatte mit dem heimischen FC Volendam einmal einen Spitzenklub. Mittlerweile ist es allerdings eine Fahrstuhlmannschaft, mit der man zwar immer noch rechnen muss, die aber an ihre besten Zeiten – zumindest vorerst – nicht mehr anknüpfen kann. Jan ist hochgewachsen (über zwei Meter groß sein) und athletisch, ein typischer Niederländer, finde ich. Kaum zu glauben, dass er schon 72 Jahre alt sein soll. Auf mich wirkt er wie ein Fünfzigjähriger.

»Das macht das Aalfett«, behauptet er.

Nachdem Jan die Fußballschuhe an den Nagel gehängt hatte, übernahm er den Familienbetrieb; dazu war er schon als Zehnjähriger bestimmt worden. Er ist jetzt in der fünften Generation An- und Verkäufer und Veredler von Aalen und ein wahrer Meister in der Kunst des Räucherns von Fischen.

Gelernt hat er es von seinem Onkel und seinem Vater. Sie waren ihrerseits in die Fußstapfen von Jans Großvater getreten, der im alten Volendam bekannt war wie ein bunter Hund. Mit Körben voller Heringen und Aalen radelte er durch die Straßen und pries lautstark seine Ware an.

Hinter einer alten Eisentür qualmt es. Jan wirft eine Handvoll Sägespäne auf den Ofenboden, Flämmchen zucken auf, die er mit einem Spritzer Wasser löscht. Dann harkt er die Glut durch. Im Dunkeln sind die Reihen goldfarbener Fische zu erahnen. »Es kommt darauf an, genau die richtige Rauchdichte zu finden, nicht zu wenig, aber auch nicht zu viel, damit der Fisch nicht zu dominant nach Rauch schmeckt, das ist das Geheimnis«, verrät er.

Jan benutzt teils noch die Werkzeuge seines Großvaters, die wie Museumsstücke aussehen.

In der Stadt steht ein Standbild, das Fischverkäufer wie Jans Großvater einst einer war darstellen soll. Der Korb eines der Verkäufer ist voller Aale, ein beliebtes Fotomotiv. Und hier stehe ich vor einem, die dort dargestellt werden.

Eines der schönsten Gebäude in der Innenstadt ist die alte Fischauktionshalle am Hafen, ein Pfahlbau direkt am Kai, zu dem eine Steintreppe hinaufführt. Früher wurden hier fangfrischer Fisch verkauft. Die Halle war das Zentrum, das pulsierende Herz der Stadt. Heute gehört der Hafen den Touristen, und in der Halle finden längst keine Auktionen mehr statt. Sie wurden vor Jahren eingestellt. Inzwischen läuft das alles übers Telefon und Internet. Andrew Zimmern hatte Glück, als er hier für seine Dokumentation drehte: er durfte an einer der letzten Fischauktionen teilnehmen und erlebte, wie Jan Aale ankaufte.

»Ich war jeden Tag mehrmals in der Halle, und das viele Jahre lang«, erzählt Jan. Heute ist die Halle eine Art Museum, aber viele Besucher verlieren sich nicht hierher. Eines der zentralen Gebäude der Stadt, sowohl was seinen Standort als auch seine historische Bedeutung angeht, wird vom Fremdenverkehr mehr oder weniger ignoriert, der doch eigentlich von der Historie lebt. Wie ist das möglich?

»Die wahnwitzigste Idee bisher war, die Fischauktionshalle zu öffentlichen Toiletten umzubauen. Die Stadtverwaltung wollte aus dem allerwichtigsten Haus unserer Stadt Klos für Touristen machen, die doch eigentlich hierherkommen, um unser Fischerstädtchen kennenzulernen«, erzählt Jan. Er habe mehrfach darauf hingewiesen, wie wichtig es sei, die Geschichte der Stadt zu erzählen. »Aber das war verlorene Liebesmüh.«

Ich muss an meine eigene Stadt und an Sørland und an die Hütten denken, an die Sommertouristen, die die traditionelle Kultur verdrängt haben. Die norwegischen Fremdenverkehrsexperten setzen mittlerweile wie überall auf chinesische Touristen. Ich denke an Städte wie Venedig und Barcelona, in denen die Einheimischen aus ihrer eigenen Stadt so gut wie verdrängt worden sind. Ich nicke zustimmend, weil ich diese Art Dummheit auch kenne.

»Die Pläne für ein Toilettenhaus sind zum Glück vom Tisch. Aber dieser ganze Blödsinn ist natürlich typisch, will sagen: die mangelnde Neugier der Gäste, die absurden Pläne der Politiker und Gewerbetreibenden, das fehlende Bewusstsein für die Natur um uns herum und deren Bedeutung für die Kultur und unsere Identität sind typisch für unsere Zeit.«

Ich sehe das alles ganz genauso. Um nichts anderes geht es ja auch in diesem Buch hier. Ich erzähle Jan von meinen Erfahrungen mit dem paradoxen Mangel an Aufmerksamkeit für die Küstenkultur im Land mit der längsten Küstenlinie Europas – dasselbe Desinteresse wie hier. Und was die Sache nicht besser macht: in allen europäischen Küstenstädten scheint es dasselbe zu sein. Warum sind wir so gedankenlos, so faul und so wenig neugierig? Warum begnügen wir uns mit Halbwahrheiten und Klischees, Kopien, Vereinfachungen und Vorverdautem, statt das Echte und Natürlichen – und Komplexere – zu suchen? Es stimmt ja keineswegs, dass das Einfache immer das Beste ist.

Zu Zeiten von Jans Großvater fuhren die Volendamer zum Fischen auf die Nordsee. Vom geschützten Hafen aus gab es einen direkten Zugang zum Meer, Aal- und Heringsfang waren die Säulen der Wirtschaft. In den Niederlanden gibt es eine große Vielfalt an Heringsgerichten. Besonders bekannt ist ihre Form des Sushi oder Sashimi: Roher Hering, manchmal mit einem Zwiebelring. Das nennt sich Matjeshering. So wie er heute verkauft wird, ist er allerdings eine konservierte Sashimi-Variante, in Lake eingelegt und leicht eingekocht.

Volendam war einst ein wichtiger Heringshafen, gelegen an der damaligen Zuiderzee, mit direktem Zugang zur Nordsee und nach Amsterdam, dadurch latent bedroht von Sturmfluten und Überschwemmungen. Auch von Smits Familie forderte die Nordsee ihren Tribut. Dann wurde 1932 der sogenannte Abschlussdeich fertiggestellt, aus der Zuiderzee wurde ein Binnensee, das Ijsselmeer. Volendam und andere Städte am Ijsselmeer waren jetzt sicher, aber mit der Heringsfischerei war es vorbei. An ihre Stelle trat der Aalfang. Das IJsselmeer füllte sich nämlich mit ihnen aus den vielen Zuflüssen, darunter ein Seitenarm der Rheinmündung. Der Weg ins Meer war den Aalen versperrt, aber sie richteten sich im Brackwasser gut ein.

Heute gibt es auf dem IJsselmeer und in Volendam kaum noch Aalfischer. Die Aale scheinen »weggefischt« worden zu sein. Nur noch wenige halten an der alten Tradition fest. Diese letzten Aalfischer, Leute wie Jan Smit, sind ihrerseits eine vom

Aussterben bedrohte Art. Jan kauft inzwischen über die Hälfte seiner Aale von niederländischen Aalaufzüchtern, wobei er den Zuchtaal für nicht ganz so gut wie den wilden hält.

»Die Haut der Zuchtaale wird härter, wenn man sie räuchert, deswegen werden die Aufzuchtaale, die ich räuchere, filetiert und für den Verkauf im Laden abgepackt. Nur die Wildaale verkaufe ich am Stück. Sie sind so begehrt, dass ich nur auf Bestellung liefere.«

Wie andere Verwerter von Naturprodukten möchte Jan auf die Warnungen vor dem Verschwinden des Aals nicht ganz so viel geben. Das heißt, er glaubt schon, dass der Aalbestand weniger geworden ist, weist aber darauf hin, dass die Gründe dafür nicht ans Tageslicht kommen. Wir haben sie nun schon wirklich oft gehört: Die Zuchtanlagen sind eigentlich bloß Aufzuchtanlagen; die Lebensräume verschwinden; die Aale kommen an den Hindernissen nicht vorbei. Dann verweist Jan noch auf die Folgen, die es hatte, als die niederländischen Behörden vor zehn Jahren eine große »Reinigungsaktion« im IJsselmeer durchführten.

»Die Aktion war gut gemeint und sollte dem Umweltschutz dienen, aber dadurch wurde ein Großteil der Lebensräume der Aale hier im Ijsselmeer zerstört. Und dann ist da noch eine andere Sache.« Jan zeigt aus dem Fenster, von dem aus man die Bucht sehen kann. »Hier ist alles voller Scharben. Die gab es hier früher nicht. Scharben fressen Aal, und hier finden sie einen reich gedeckten Tisch. Aber sie sind fremde Eindringlinge, warum erlaubt man ihnen, sich hier in immer größerer Zahl anzusiedeln, warum unternehmen die Naturschützer nichts dagegen?« Steht die Zunahme an Scharben nicht im Widerspruch zur Abnahme des Aals? Hat die positive Bestandsentwicklung nicht erst einmal damit zu tun, dass sie nicht mehr gejagt werden dürfen? Darüber ließe sich zumindest diskutieren.

Aber Jan findet, dass die Niederländer kein gesundes Verhältnis zur Jagd haben. Kunden aus Russland beispielsweise würden, allen Schreckensnachrichten aus diesem Land zum Trotz, die Natur viel besser verstehen und ihre Ressourcen viel besser nutzen. »Oder nimm das Land, aus dem du kommst. In Norwegen ist das Verhältnis zur Natur auch noch intakt. Bei uns essen die jungen Leute keinen Fisch mehr. Die Haut und die vielen Gräten, sie wissen gar nicht, wie man damit umgeht, wie man einen Fisch zubereitet, und auch die Eltern können es ihnen nicht erklären, weil auch sie es nicht mehr wissen. Bei Fleisch ist es genauso. Von Fett und Knochen soll am besten nichts mehr zu sehen sein. Aber dann soll man Fleisch und Fisch eigentlich gar nicht essen. Das ist doch Verschwendung! Da wächst eine ganze Generation heran, die keine Ahnung mehr hat.« Jan hat sich ein bisschen in Rage geredet.

Ich stimme ihm durchaus zu – aber ist es bei meinen Kindern denn grundsätzlich anders? Klar gibt es bei uns selbst geangelte Fische und selbst geschossenes Wild. Aber nur hin und wieder mal. Wissen meine Kinder, wie man Fisch filetiert? Habe ich ihnen gezeigt, wie man Wildbret ausweidet und entbeint? In Norwegen gibt es eine von dem Fernsehkoch Andreas Viestad initiierte Bewegung, die Kindern die Herkunft unserer Nahrung näherbringt und die Verarbeitung von Wild und Fisch zu einem leckeren Essen erlebbar macht. Das Esskulturzentrum für Kinder Geitmyra in Oslo hat jetzt auch eine Filiale in Sørland eröffnet, in Kristiansand. Zu dessen Zielgruppe sollte ich eigentlich gar nicht gehören, weil ich schließlich selbst angle und jage und meinen Kindern selbst solche Dinge hätte zeigen können.

Jan habe das bei seinen Kindern getan, sagt er. Sein Sohn Evert, der ein Ingenieurstudium in Amsterdam absolviert habe, arbeite inzwischen ebenfalls im Familienbetrieb, wo er sich hauptsächlich um das Restaurant kümmere. Everts Sohn wiederum sei noch klein, aber auch er habe bereits geräucherten Aal probiert und finde ihn gut.

Jan isst geräucherten Aale selbst gern, jedes Mal, wenn er welche räuchert. Und das geschieht mehrmals wöchentlich. Zusätzlich isst er Aalsuppe, gekochten Aal und gespickten Aal. »Da kommt schon eine ganze Menge Aale zusammen, den ich in meinem Leben bisher gegessen habe«, lacht er.

Vielleicht ist es ja wirklich das Aalfett, das ihn so jung und agil hält.

Als es an der Zeit ist, öffnet Jan die Tür und holt die Gestelle mit den am Kopf aufgefädelten Aalen aus der Räucherkammer. Der Geruch nach Fisch, Salz und Rauch und ihre goldbraune Farbe sind wunderbar.

Das sind die wilden Aale, die im IJsselmeer gefischt wurden, mit der Leine. Sozusagen als Beweis hat Jan bei einigen Exemplaren den Haken und die Leine im Maul stecken lassen.

Er besteht darauf, dass die Räucherkunst eine Frage des Timings ist, das programmierte Fabrikräucherkammern nicht hinbekommen. Ich glaube ihm das aufs Wort. Nie habe ich besseren Räucherfisch gegessen.

Den Aal mit bloßen Händen aufzubrechen, ist ganz leicht. Das Fleisch hat eine wunderbare Konsistenz, weder zu weich noch zu fest, und es schmeckt nicht penetrant nach Rauch, wie man es bei Räucherfisch sonst oft erlebt.

Jan freut sich über mein Lob. »Wer die Haut nicht mit den Zähnen abschabt, der bekommt bei mir auch keinen Aal mehr serviert!«

Gräten und Haut werfen wir zurück in die Glut der Räucherkammer. Nach zwei weiteren fetten Aalen bin ich pappsatt.

Der Aal bei Smit Bokkum trägt das Qualitätssiegel der Sustainable Eel Group (SEG), das heißt, dass der Hersteller sich zu einer möglichst nachhaltigen Nutzung natürlicher Ressourcen verpflichtet hat.

»Wenn der Aal aus dem Ijsselmeer ganz verschwinden und der Aalfang eingestellt werden würde, wäre auch der letzte lebendige Rest unserer Geschichte und Kultur Vergangenheit. Dann wäre alles nur noch Museum und Fremdenverkehrsindustrie, dann wäre Volendam endgültig bloße Kulisse. Vieles ist schon unwiederbringlich verloren, ich will retten und bewahren, was ist.«

Auf dem Rückweg zum Hotel beginnt es zu nieseln. Die Verkaufsbuden für die Touristen öffnen gerade, so langsam erwacht das Stadtzentrum zum Leben. Zum Frühstück im Hotel trinke ich nur einen Kaffee. Danach reisen wir ab. Schade, dass meine Familie den »last man standing« in der Räucherei nicht erlebt hat. Aber unsere Reise geht weiter. Wir wollen noch einige Orte in Deutschland besuchen, bevor wir über Dänemark und Schweden zurückfahren. Der Rest der Familie ist sich einig: »Wir wollen an den Strand, schließlich sind Sommerferien!«

Die letzte Aalgilde?

Åhus im Sommer und Åhus im Herbst, ein Unterschied wie Tag und Nacht. Unser Besuch in der schwedischen Provinz Schonen im Sommer war für die Familie vermutlich der Höhepunkt unserer Aalreise. Es war warm und wir haben das Strandleben genossen.

Jetzt ist es Spätherbst, ich bin noch einmal hier, um eine Aalgilde zu besuchen. Åhus ist jetzt anders, aber auf seine Weise genauso schön, ja, in gewisser Weise noch schöner. Nur wenige Leute spazieren am Strand, es ist ganz still. An der *Frisebode* hängen die Netze der Fischer, der Ort wirkt verlassen, das Rauschen der Wellen ist die einzige Musik. Doch da höre ich Vogelstimmen, wie ich sie noch nie zuvor gehört habe. Ein großer Zug Kraniche fliegt über mich hinweg, ihr wehmütiges Trompeten geht mir durch Mark und Bein.

Schonen ist Schwedens Kornkammer, um Schonen haben Dänemark und Schweden immer wieder Krieg geführt. Mal gehörte die Region zu Dänemark, mal zu Schweden. Jetzt also Schweden. Aber wie denken die Schoninger darüber?

»Wir fühlen uns schon ein bisschen als Dänen«, gibt der Aalfischer, Geschäftsmann und Tausendsassa Mats Svensson zu. Sein Zwillingsbruder Max, der ihn bei seiner Arbeit als Aalfischer, Geschäftsmann und Tausendsassa unterstützt, nickt bestätigend. Die Leidenschaft der Brüder gilt aber weder Dänemark noch Schweden, sondern der Kultur an der schonischen Küste und deren Traditionen. Deswegen bin ich hier.

Die schonische Küste ist der letzte Landstrich in Schweden, wo es noch erlaubt ist, in größerem Umfang Aale zu fischen. Für 90 Tage gehen hier im Herbst ein Dutzend Aalfischer ihrem Gewerbe nach, das ihre Familien seit Generationen ausüben, seit dem 17. Jahrhundert, als der Dänenkönig sich um die Kultivierung des Landes kümmerte und den Fischern und Bauern in Schonen Privilegien einräumte. Für die Dänen hatte Schonen zentrale Bedeutung. Die Schoninger erhielten Fischereirechte, dafür sollten sie die Schweden draußen halten. Vielleicht kann man sagen, dass Schonen zwischen Dänemark und Schweden so etwas war wie das Baskenland. Die besondere Stellung ist immer noch irgendwie in der schonischen Seele verankert, meinen Mats und Max. 1658 fiel Schonen an Schweden, und um sich die Loyalität der Bewohner zu sichern, gestand auch der schwedische König den Schoningern Privilegien zu. Dazu gehörten die traditionellen Aalbuden der Gutsbesitzer, in denen sie sogenannte Aalgilden abhielten, Zusammenkünfte, bei denen im Herbst der Fischfang gefeiert wurde.

Eine Aalbude ist eigentlich nichts anderes als eine Hütte direkt am Strand, in der die Fischer ihre Gerätschaften aufbewahrten und die als Aufenthaltsort diente, an dem man aß, trank und plauderte. Insgesamt existieren entlang der schonischen Küste (der *Ålakusten*, also »Aalküste«) 41 Aalbuden. Es gibt ganz einfache, geradezu spartanische Hütten und luxuriöse mit fließend Wasser und allen Schikanen. Da nur noch elf Fischereirechte vergeben werden, werden viele Hütten nicht mehr genutzt, an ihnen nagt der Zahn der Zeit. Leute wie Max und Mats kämpfen dafür, dass die Aalfischerei und die Aalgilden ins UNESCO-Verzeichnis des Immateriellen Kulturerbes aufgenommen werden.

Im Lauf der Geschichte schwankte die Loyalität der Schonen zwischen der schwedischen und dänischen Krone. Viele Schoninger hatten dänische Wurzeln und kämpften auf Seiten Dänemarks. Nachdem Schonen endgültig an Schweden gefallen war, wurde im 18. und 19. Jahrhundert eine brutale Anpassungspolitik betrieben. Noch das letzte bisschen eigenständiger, dänisch geprägter Sprache, Kultur und Identität wurde mit harter Hand bekämpft. Das spürt man bis heute, wenn die Hauptstadtschweden dazu neigen, sich über die Schoninger und ihren Dialekt lustig zu machen. Die Schoner gelten als sanftmütig und träge. Dabei hat die Region in puncto Natur und Kultur von allen mit am meisten zu bieten.

Im Herbst 2017 wurde innerhalb der EU über das Aalproblem debattiert. Bei einer ersten Gesetzesinitiative ging es nicht um die Glasaalfischerei in Südeuropa, nicht um den Glasaalschwarzhandel nach Asien, nicht um Wasserkraftwerke und Flussverbauungen und den Lebensraumverlust für Süßwasseraale und auch nicht um die Bereitstellung finanzieller Mittel zur umfassenden Erforschung des Aals. Es ging allein um einen einzigen Punkt, und der Fokus lag ungerechtfertigterweise auf einem einzigen Teil Europas. Die Gesetzesinitiative wollte den Aalfang in der Ostsee verbieten, wovon auch die schonische Küste betroffen gewesen wäre. Das Dutzend Aalfischer, das einer 400-jährige Tradition nachging, wäre damit die letzte Generation gewesen, die auf Aalfang geht.

»Unser eigenes Land, unsere eigene Regierung unterstützt den Gesetzesentwurf. Sie wollten die Aalfischerei verbieten, und das obwohl die anderen EU-Länder gegen dieses Verbot sind«, erzählt Max. So scheint sich die Geschichte zu wiederholen. Gehört Schonen wirklich zu Schweden? Man müsste sich nicht wundern, wenn sich Mats und Max nach Dänemark sehnen, das mit einer ganzen Reihe anderer EU-Mitgliedsstaaten diese Initiative bis auf Weiteres gestoppt hat.

Ich sehe die Zwillingsbrüder zum ersten Mal zusammen; sie sind einander wirklich verblüffend ähnlich. Im Sommer hatte ich nur Mats getroffen. Meine Familie hätte eigentlich mit in die Aalbude kommen sollen, hatte die Nase mittlerweile aber voll von Aalen gehabt und war am Strand geblieben. Also war ich allein gefahren, an einem der wenigen Tage in den Sommerferien, an denen das Wetter durchgehend schön gewesen war. Mats und ich hatten draußen vor der verwitterten Sonnenseite der Fischerhütte Kaffee getrunken, Mats hatte, während er an seiner Kette mit Anhänger, einem vergoldeten Miniaturaal, von der Aalfischerei an der schonischen Küste erzählt.

Jetzt ist es November, ich besuche eine der letzten Aalgilden der Saison. Vielleicht die letzte Aalgilde überhaupt? Mats und Max glauben das nicht. 400 Jahre Tradition können nicht mit einem Federstrich ausradiert werden, meinen sie. Und, wie gesagt, vorerst haben die für Fischerei zuständigen EU-Minister den Vorschlag vom Herbst auch verworfen und andere Beschränkungen eingeführt, die die Aalfischer an der schonischen Küste aber kaum betreffen. Lediglich die Fangsaison wurde etwas verkürzt. Damit können sie leben.

»Bis auf Weiteres!«, rufen die Brüder, es klingt wie ein Kampfruf.

Dabei kommen Mats und Max gar nicht aus Åhus, sie sind eigentlich Zugereiste. Ihre Heimat liegt weiter landeinwärts. Aber vielleicht erkennt man das Besondere gerade mit ein wenig Abstand besser?

Mats Svensson ist der Erste überhaupt, dem es gelungen ist, das Erbrecht zu durchbrechen und sich in einen Fischereibetrieb mit eigener Aalbude und Fangrecht einzukaufen. Das ist ein gutes Zeichen, denn es müssen Lösungen gefunden werden angesichts der Tatsache, dass die Tradition offensichtlich an ein Ende gelangt ist. Das betrifft sowohl die Aalfischerei als auch die Aalgilden. Der Nachwuchs fehlt, die Branche ist überaltert.

»Die jungen Leute wollen heute möglichst wenig Gräten, Haut und Fett«, sagt Max. »Oder sie wollen exotische Lebensmittel aus anderen Weltgegenden«. Anders gesagt: Sie kümmern sich nicht um das, was vor ihrer Haustür liegt, um ihre eigene Kultur. Überall das gleiche Bild.

Vor einigen Jahren gab es um die 150 Aalfischer an der Aalküste. Inzwischen sind es nur mehr 40, elf davon in der Gegend um Åhus. Die Aalgilden waren ursprünglich nur für die Fischer und ihre Familien und Freunde gedacht. Auch diesbezüglich war es gut, sich zu öffnen und nicht zu starr am Überkommenen festzuhalten. Seit der Aal als vom Aussterben bedroht gilt, stehen die Fischer enorm unter Druck. Um für das »Aalerbe« und die »Aalküste« zu werben und darüber zu informieren, wie stark ihre Kultur bedroht ist, haben sie die Aalakademie gegründet. Mats ist ihr Vorsitzender.

In Åhus leben 10 000 Einwohner ganzjährig. In der Sommerzeit vervielfacht sich die Zahl durch die zahlreichen Touristen. Åhus gleicht in dieser Hinsicht Lillesand, meiner Heimatstadt. Es gibt eine rege Beach-Volleyball-Szene, die jeden Sommer viele Fans anlockt. Bekannt ist die Stadt vor allem wegen Absolut Vodka. Die Firma hat ihren Sitz und ihre Produktionsstätten in Åhus. Und dann gibt es eben die Aale. Åhus ist die wohl bekannteste Aalfischergemeinde Schwedens. An der Umgehungsstraße stehen allerlei alte Aalprahme und andere Fischereigerätschaften. Sie zeigen: Man befindet sich an der »Aalküste«.

Den Zwillingsbrüdern, die gemeinsam mit ihrem dritter Bruder Mikael in der Stadt ein Hotel betreiben, gehört die

Frisebode, die am besten erhaltene Aalbude. Da sie ein Stück vom Stadtzentrum entfernt liegt, haben sie in der Nähe des Hotels einen Nachbau errichtet. Dort veranstalten sie Aalgilden für jedermann. Es heißt, auch König Carl XVI. Gustaf soll bereits da gewesen sein – inkognito, versteht sich.

Der Teilnahmepreis ist überschaubar, aber die Zahl der Plätze ist begrenzt, weil die Buden so klein sind – es ist klar, dass das keine Massenveranstaltungen sind. Eher etwas für wirklich Interessierte. Mats und Max führen als Erzähler durch den Abend. Die Veranstaltungen haben einen sehr persönlichen, fast intimen Charakter und leben vom Charme der Beiden .

»Uns ist bewusst, dass wir zur Kommerzialisierung beitragen, aber es geht uns um unser Kulturerbe, und wir brauchen die Unterstützung der Öffentlichkeit. Der Aal wird wahrscheinlich überleben, aber unsere Kultur könnte ganz schnell nur noch eine Legende sein und auf nimmer Wiedersehen verschwinden«, weiß Mats.

Gerade über diesen Punkt muss ich lange nachdenken: Dass nicht nur und nicht mal so sehr der Aal selbst vom Aussterben bedroht ist, sondern eine ganze Kultur rund um diesen Fisch. Als ich meiner Friseurin von meinem Buchprojekt erzählt hatte und darüber, was es heiße, Bücher zu schreiben, hatte sie gemeint, dass Papier und Bücher auch am »Aussterben« seien: »Bist du sicher, dass du als Autor nicht einer aussterbenden Art angehörst?« Als Mats und ich im Sommer an der sonnenwarmen Wand der *Frisebode* gesessen und wir Lennart zugeschaut hatten, wie er die Maschen der großen *Ålahomma* flickte, eine spezielle Netzkonstruktion zum Aalfang, hatte Mats gesagt: »Lennart ist selbst ein immaterielles Welterbe.«

Die *Ålahomma* ist ein ziemlich kunstvolles Gebilde aus Tauwerk und Netzen. Sie wird mit einem Traktor an den Strand geschleppt und mit Booten in den Fangebieten ausgebracht. Dort liegt sie während der erlaubten 90 Tage. Die Aale, durch Köder angelockt, schwimmen durch eine kleine in eine große Reuse, von wo die Fischer sie entnehmen können, indem sie das andere Ende öffnen.

Lennart ist Berufsfischer, war es sein ganzes Leben lang. Mittlerweile gehört er zu den Letzten seiner Zunft. In ganz Schweden ist die Aalfischerei verboten, nur die schonischen Aalfischer haben weiterhin Sonderrechte – vorerst … Und das EU-Reglement sieht vor, dass man dieses Sonderrecht nur mehr für zwei Jahre bekommt. Übt man es in dem 90-tägigen Zeitfenster nicht aus, erlischt es automatisch. Der gefangene Fisch darf außerdem nur im »eigenen Ladengeschäft« verkauft werden. Und die Lizenz ist nicht mehr vererbbar, sondern muss jedes zweite Jahr erneuert werden. Das alles führt nicht gerade dazu, dass die Zahl der aktiven Aalfischer steigt …

Der Winter steht vor der Tür. Die Aalgilden gehen zu Ende, die 90 Tage der Fangsaison sind vorbei, die Aalreusen werden nach und nach eingeholt. Aber noch gibt es frischen Aal.

Am Abend zuvor hatte Max 20 Gäste, heute Abend sind wir zu sechst. Zwei kommen aus Trelleborg und zwei aus Malmö, der größten Stadt Schonens, dazu zwei Norweger. Max gibt Anekdoten, Schnurren und Geschichten zum Besten, referiert aber auch Fakten rund um den Aal, die Aalfischerei und die Aalgilden, dazu serviert Milo, der serbische Koch, Aalgerichte und Hans Inge »Hanså« Olofsson spielt Mundharmonika – er ist der offizielle Haustroubadour der Aalgilden und selbst seit vielen Jahren Aalfischer. Das Ganze hat etwas von einer schwedischen Mittsommerfeier. Ein bisschen kitschig, aber es wirkt trotzdem authentisch.

Die Gäste aus Trelleborg und Malmö singen fröhlich mit und tragen selbst schwedische Trinklieder vor. Denn auch das ist eine echte schwedische Tradition: bevor man das Glas leert, gibt man kurze Trinklieder zum Besten. Schnaps gehört nun mal dazu zum Aal. Unerlässlich auf jeden Fall, wenn man fünf verschiedene Aalgerichte hintereinander schaffen will.

»Es gibt drei Arten Fett, die wir Schoninger mögen«, sagt Max: »Aalfett, Gänsefett und Schweinefett.« Fetter Aal von August bis November. Danach die Martinsgas, zu der nach schonischer Tradition »Schwarzsuppe« aus dem Blut der Gans und ihren Innereien gehört. Zu Weihnachten gibt es dann Schweinerippchen und andere Schweinefleischgerichte. Diese drei fetten Fleischsorten erfordern sämtlich einen starken Schnaps, und vielleicht ist es alles andere als Zufall, dass Absolut Vodka in Åhus seinen Hauptsitz hat.

Und vielleicht spielt auch die Nähe zu Dänemark eine Rolle. Schweden ist für seine strengen Alkoholvorschriften bekannt. Das Bier, das man im Laden bekommt, hat weniger Alkohol als im übrigen Europa, um die 3,5 Prozent, manchmal sogar noch weniger. In Schweden wird viel Wert auf Gesundheit und Ordnung gelegt. Da ähnelt Schonen eher Dänemark.

Für die Aalgilden haben die Aalfischer ihre eigenen Liköre angesetzt. Bei uns stehen an diesem Abend eine Flasche Apfelschnaps und eine mit Wermut auf dem Tisch. Und gegen den Durst vom Salz gibt es Bier in Krügen.

Aal auf fünferlei Art: Nach dem Willkommensumtrunk gibt es eine Suppe mit Aalstückchen und Sahne, danach gespickten Aal, dann gekochten Aal mit Kartoffeln serviert, und zum Abschluss Räucheraal. Zwischen dem gespickten und dem gekochten Aal gibt es das Beste, nämlich »luad«: Ein leicht geräucherter Aal wird anschließend geröstet, sodass man die Haut mitessen kann. Das heißt, man *kann* sie nicht nur essen, sondern sollte dies unbedingt tun. Luad schmeckt famos und so herrlich knusprig wie Kartoffelchips. Ein Glas Schnaps nach dem anderen sorgt hoffentlich dafür, dass das Fett verbrannt wird. Oder dass der Aal zwar schwer im Magen liegt, der Alkohol den Kopf aber ganz leicht macht. Ein seltsames Gefühl. Als Max ruft, es gebe »Aalkuchen« zum Nachtisch, klingt das Lachen rund um den Tisch etwas nervös. Zum Glück ist es dann doch nur Apfelkuchen.

Im Sommer hatte ich meine Frau endlich einmal überreden können, in einem Landgasthof in Dänemark »Wildaal« zu probieren. Man musste ihn im Voraus bestellen, und mindestens für zwei Personen. Meine Frau hatte also keine Wahl. Es gab gespickten Aal, und es wird bei diesem einen Mal bleiben. Der Aal schmeckte penetrant nach Tran. Ist das nicht typisch? Da überwindet man sich schon mal, und dann so etwas. Sicher haben ihn dort nicht wenige Gäste probiert und sind jetzt für Aal möglicherweise für immer verloren. Aber ich versichere hochheilig, alle, wirklich alle Aale, die ich sonst verzehrt habe, schmeckten besser als der in dem dänischen Landgasthof – der zu allem Überfluss auch noch irre teuer war.

Ich muss an Volendam und den Touristenrummel denken. Als Tourist bekommst du oft Dreck serviert, für den du auch noch unverschämte Preise bezahlen darfst. Und weil du dich nicht auskennst, isst du diesen Dreck und machst gute Miene dazu. Es soll ja ein schönes Erlebnis sein und du möchtest mit deiner Enttäuschung und deinem Ärger anderen nicht den Tag verderben …

Fünf Gänge in einer einfachen, etwas kitschigen Aalbude, mit einfachen Stühlen und Tischen, mit schlichten Tischdecken und Tellern noch aus den 70er-Jahren; mit selbstgebranntem Schnaps, Bier aus Krügen, ohne Schnickschnack. Zum Pinkeln gingen wir einfach vor die Tür, das Rauschen der Wellen am

Strand war die passende Begleitung und der Mond leuchtete uns …

»Aber man soll ja eigentlich keinen Aal mehr essen. Ich bin schon einmal vor Jahren hier gewesen, als mein Mann noch lebte. In den letzten Jahren habe ich immer wieder mal versucht, ein paar meiner Freundinnen mit hierherzubringen. Aber die sagen nur: ›Was, du isst noch Aal?‹« Yvonne aus Malmö erzählt, dass ihre Freundinnen, wie alle aufgeklärten Städter, für den Naturschutz sind und den Rat des WWF befolgen, auf Aal zu verzichten. In mehreren europäischen Ländern haben der WWF und Greenpeace sogar Kampagnen gegen Einzelhändler durchgeführt.

Yvonne hatte das Gefühl, sich vor ihren Freundinnen am Kaffeetisch rechtfertigen zu müssen und keine Chance, ihre Argumente vorzubringen. Max ruft: »Natürlich essen wir weiterhin Aal! Wenn keiner mehr Aal isst, wer soll sich dann um den Aal kümmern?«

Selbst die meisten Ortsansässigen interessieren sich nicht mehr für Aal. Sie wissen nichts über seine Biologie, haben keine Ahnung, wie kritisch es um seine Bestände steht und was die Gründe dafür sein könnten, und auf die Traditionen der Fischerei und der Aalgilden blicken sie verächtlich hinab. Man fragt sich, was die Schilder und Fischereigerätschaften an der Umgehungsstraße sollen, die für den Aaltourismus werben …

Aber schützt man den Aal, indem man ihn fängt? Genau das ist es, was die Aalfischer aus Åhus zu vermitteln versuchen. Von Überfischung in dieser Region kann nicht die Rede sein, und auch Raubfischerei hat es hier nie gegeben. Die Fangstatistiken zeigen, dass die Fangzahlen nicht fallen.

»Das abgepackte, tiefgefrorene Räucheraalfilet aus der Aufzucht, das man im Supermarkt kaufen kann, hat ethisch gesehen auf jeden Fall einen schlechteren Beigeschmack als die Aale der wenigen hier noch praktizierenden Aalfischer«, meint Max. »Wenn der Aal zu einem Fisch wird, der im Dunkeln am Meeresgrund herumschwimmt, ohne dass wir ihn zu Gesicht und auf den Teller bekommen, wie sollen wir da ein Verhältnis zu ihm entwickeln?«

Warum steht auf den Speisekarten einiger Landgasthöfe und Restaurants in Dänemark eigentlich »Wildaal«? Ob das tatsächlich Wildaal ist, ist die eine Frage, aber interessant ist die Bezeichnung an sich. Die wenigen Sushiköche, die in Norwegen traditionelle Aalgerichte zubereiten, verwenden die Bezeichnung »dänischer Aal«. Aber woher kommt dieser Aal? Es ist verboten, Aale in Norwegen einzuführen, auch solche aus Dänemark. Auch Aale zu fischen, ist in Norwegen verboten, woher stammt also der Aal? In den letzten Jahren waren Carolines Versuchsfischzüge tatsächlich die einzige legale Aal-Quelle in Dänemark. Der Grund, warum der Aal in Norwegen als dänischer Aal bezeichnet wird, ist, dass man von den Dänen annimmt, sie würden sich mit Aalen auskennen. *Fachkenntnis* als positiver Geschmacksverstärker.

Die Franzosen, die sich mit Zutaten für gute Küche ohne Zweifel auszukennen, verwenden nur hiesige Austern bester Qualität. In Norwegen essen wir, wenn überhaupt, Sushi, mit Aal, der aus dänischen Aufzuchtstationen importiert wird.

Am Ende ist es so, wie Mats und Max sagen: Die schonischen Aalfischer behandeln ihre Ware gemäß ihres speziellen Verhältnisses zum Aal, den sie aufgrund ihres Wissens und ihrer Kenntnisse wertschätzen. Davon können wir Verbraucher nur profitieren.

Aalfestival und Aal in Gelee

Der Aal Ellie beginnt sich zu winden und in Bewegung zu setzen, als die Trommeln einsetzen. Das seeschlangenartige Geschöpf mit dem großen Kopf und dem offenen Maul mit den scharfen Zähnen besteht aus Ballonseide und wird von zwölf Personen getragen, die bis zur Hüfte im Inneren des Aals stecken. Während der Aal an uns vorüberzieht, stehen wir vor der mächtigen Kathedrale, der größten Sehenswürdigkeit der Stadt Ely. Die Kathedrale der Heiligen Dreifaltigkeit ist die Kulisse für die Aalparade. An diesem Tag Anfang Mai strahlt die Sonne so kräftig, dass der Sambarhythmus, mit dem sich der Zug in Bewegung setzt, perfekt zu passen scheint. Wobei, südamerikanische Ausgelassenheit kommt nicht gerade auf, wir sind schließlich in England.

Fast alle, Männer wie Frauen, tragen Hüte, man sieht traditionelle Uniformen und bunte Kostüme. Etliche von denen, die am Zug teilnehmen, werden später im Park am Fluss, wo der Festzug endet, noch in der einen oder anderen Spielszene auftreten.

Die Aalparade ist Teil des Aalfestivals, das jedes Jahr am ersten Wochenende im Mai in der Stadt Ely stattfindet. Ihr Name ist auch »Isle of Eels«, »Aalinsel«. Bei meiner frühmorgendlichen Joggingrunde vor dem Frühstück, die mich am Fluss entlang hinaus aus der Stadt führt, leuchtet mir sofort ein, warum der Ort so heißt. In Dänemark, Italien und den Niederlanden gibt es ähnlich gelegene Orte. Die weitläufige flache Landschaft ist ein einziges Feuchtgebiet mit Kanälen und kleinen Dämmen, beste Bedingungen also, damit sich hier Aale und Watvögel wohlfühlen.

Ich bin früher schon einmal hier in der Gegend gewesen, an der Mündung der Ouse, einer großen Bucht namens The Wash, die auf der Karte wie eine Art kleine Biskaya ausschaut. Ich war wohl so um die sechs Jahre alt, als wir aus London für eine Woche nach King's Lynn fuhren, wo meine Eltern ein Cottage als Ferienhaus gemietet hatten. Meine beiden Schwestern, damals etwa elf und 16, waren auch dabei. An die Einzelheiten kann ich mich nicht genau erinnern, die einzige Erinnerungsstütze, die ich habe, sind ein paar Urlaubsfotos. Mein Bruder war schon erwachsen und machte eine Interrailtour durch England. Er kam uns in King's Lynn besuchen, sodass die komplette Familie ausnahmsweise wieder mal vereint war.

Woran ich mich aber lebhaft erinnere: wie ich den Strand nach Krebsen absuchte und wie mein mir Vater half, eine große Sandburg zu bauen. Vermutlich war es sogar das einzige Mal, dass wir das zusammen gemacht haben. Ich weiß auch noch, wie ich am Strand mit einem Hund spielte, der einer in meiner Erinnerung wunderschönen Frau gehörte. Der Hund und ich tollten herum, als er in meinen Wasserball biss. Die schöne Hundebesitzerin kam gleich angelaufen, nahm mich an der Hand und ging mit mir zum Strandkiosk, wo sie mir einen neuen Ball und ein großes Eis kaufte.

Die Aale im Aquarium haben eine gute Sicht auf die von vielen Menschen besuchten Veranstaltungen im Park, bei denen unter anderem Balletttänzerinnen und eine Ukulelegruppe auftreten. Ellie liegt leblos und ohne ihre Beine auf dem Rasen. Die Besucher belagern die Stände, an denen Speisen und Getränke sowie Kunsthandwerk angeboten werden.

Unten in der Flussaue steht auch eine Bude, an der man Aal kaufen kann. Räucheraalfilet und kleine Plastikbecher mit Jellied Eel – Aal in Gelee. Vor dieser Bude hat sich eine Schlange gebildet. Ich frage mich, wieso es nur eine davon gibt, wenn die Nachfrage so hoch ist. Gleich daneben steht ein Informationswagen der Umweltbehörde, der fast ebenso viele Menschen anzieht, denn außer Informationen über den Aal gibt es dort auch ein Aquarium mit lebenden Aalen, ein kleineres mit jungen Aalen und ein noch kleineres mit Süßwasserkrebsen. Es ist interessant zu beobachten, wie neugierig die Kinder sind, und dass auch die Erwachsenen lange vor den Aquarien stehen und die Tiere beobachten. Und was denken die Aale? Sie winden sich an den langen Glaswänden entlang und aus dem Wasser hinaus, als ob sie über die Kante springen und wieder in den Fluss zurückwollten.

Ich sitze auf einer Bank ganz unten am Fluss und versuche mir vorzustellen, wie ein Aal das alles wahrnehmen würde. Die Sonne brennt wie im Hochsommer. Am Ufer liegen die typischen langen, schmalen, dunkelgrünen Flussboote, aber auch einige Kabinenkreuzer. Von King's Lynn am Meer bis hierher gibt es weder Dämme noch Schleusen, erzählt mir mein Banknachbar, ein älterer Mann, der in einem kleinen Ort in der Umgebung wohnt. Er und seine Frau sind einmal in Norwegen gewesen, in Bergen und an einem der Fjorde. An welchem, weiß er nicht mehr. Die Ouse führt weiter hinein ins Landesinnere, auch durch die berühmte Universitätsstadt Cambridge. Hier heißt der Fluss plötzlich Cam. Cambridge wirkt mit dem Fluss und den vielen Seitenkanälen, auf denen Paddel- und Ruderboote und Stechkähne unterwegs sind, wie eine Art Venedig. Vielleicht gibt es ja noch eine weitere Verbindung zwischen der Grafschaft Cambridgeshire und Venetien, nämlich zwischen dem Aalfestival in Ely und dem anderen berühmten europäischen Aalfestival in Comacchio. Die italienische Stadt liegt am Po, eine halbe Fahrtstunde nördlich liegt Venedig. Anders als hier in Ely wird in Comacchio noch gefischt, und die

Veranstaltungen beim dortigen Festival haben vielleicht mehr mit dem Aal zu tun als hier. Neben mir auf der Bank liegt ein Buch, eine Essaysammlung von John Berger. Mein Banknachbar sieht nicht wie ein leidenschaftlicher Leser aus, aber er zeigt sich als wacher Geist. »Ist das nicht der Künstler und Autor? Der mal ein Kunsterziehungsprogramm bei der BBC hatte?«, fragte er. Diese Essaysammlung – eine seiner letzten – enthält einen Essay über das Aalfestival in Comacchio. Bemerkenswert ist, dass Berger über ein Aalfestival in Italien schreibt, nicht über eines in seinem eigenen Heimatland.

Elys letzter Aalfischer ging 2014 in Rente. Ich frage mich, warum die gesamte Aalfischerei mit seiner Pensionierung quasi ausgestorben ist. Hier müssten doch beste Lebensbedingungen für Aale herrschen. Aber die Aaltraditionen, auf die das Festival der Stadt zurückgeht, sind viel älter und eher von kulturhistorischem Interesse, mit der Natur und der Fischerei als Erwerbsgrundlage hat das wenig zu tun. Seine Wurzeln liegen im Mittelalter, als die große Kathedrale errichtet wurde. Den leicht fangbaren Aal gab es in solcher Hülle und Fülle, dass er teilweise sogar als Zahlungsmittel diente. Laut historischen Dokumenten hießen die Einheiten, in denen man seinerzeit beim Handeln rechnete, *sticks*; ein *stick* war nichts anderes als ein Bündel mit 25 Aalen. Es heißt, dass der Bau der Kathedrale von Ely zwischen 1083 und 1357 zum Teil mit Aalen finanziert wurde. Ungefähr zur selben Zeit wurde der Nidarosdom in Trondheim errichtet, die berühmteste gotische Kathedrale Norwegens.

Mit der Kathedrale wuchs auch die Stadt Ely. Dank der vielen hübschen, gut erhaltenen Häuser aus dieser Zeit und natürlich der Kathedrale zieht die Stadt viele Touristen an. Aber so überlaufen und touristisch wie in Volendam ist es hier nicht. Das mag auch ein bisschen daran liegen, dass Ely ein Stück abseits der Autobahn liegt.

Im 16. und 17. Jahrhundert wurde das Marschland in der Umgebung, das ursprünglich viel größer als das heutige Feuchtgebiet war, trockengelegt und nutzbar gemacht. Durch die Trockenlegung ist dem Aal zweifellos Lebensraum genommen worden, aber er muss hier dennoch weiterhin sehr gute Lebensbedingungen vorgefunden haben. Mit dem letzten Aalfischer ist es vorbei mit der Aalfischerei und den alten Traditionen rund um den Aal, der der Stadt schließlich ihren Namen gegeben hat. Ich habe mir die Speisekarten sämtlicher Restaurants im Ort angesehen: Kein einziges bietet etwas an, das auch nur entfernt mit Aal zu tun hat – obwohl gerade das Aalfestival gefeiert wird.

Am selben Wochenende findet auch auf der anderen Seite des Landes, im Westen am Severn, ein Aalfestival statt. Am Severn gibt es noch aktive Aalfischer. Sie fangen Glasaale, auf dieselbe Art, wie sie es schon seit ewigen Zeiten tun. Nicht viel anders als im Baskenland. Bemerkenswert ist, dass anlässlich dieses Festivals, so steht es in der Zeitung, jährlich ein Glasaal-Wettessen stattfindet – und dass es dieses Jahr mit *gulas* ausgetragen wird. Früher, das heißt bis zum Anfang des 21. Jahrhunderts, stopfte man noch echte Glasaale (aus dem Fang des laufenden Jahres) um die Wette in sich hinein. Danach gab es wegen des Einbruchs der Bestände 14 Jahre lang kein Glasaal-Wettessen mehr. Vor ein paar Jahren hat man es wieder eingeführt, verwendet dafür jetzt aber das Surimiprodukt aus dem Baskenland. Das ist doch seltsam, da dort doch auch die ganze Zeit über Glasaal gefischt wird!

Besonders hier an der Westküste Englands ist der Aal noch mehr als nur ein Stück Kulturgeschichte, ebenso in Nordirland. Eine enge Beziehung zum Aal haben die Menschen am Lough Neagh, in den Glasaale ausgesetzt werden. Ein großer Teil der hier gefischten Aale wird übrigens in die Niederlande exportiert.

Andrew Kerr lebt in Gloucester, am Severn. Auf dem Weg aus Ely treffe ich mich mit ihm auf halber Strecke, in der Kleinstadt Swindon. Andrew ist ein gebildeter Mann mit Lebenserfahrung. Aufgewachsen in einer Kolonie in Asien, stammt er ursprünglich aus Schottland, wo er bis heute Jagd- und Fischereirechte besitzt. Als Kind hat er dort mit seinem Großvater Lachs geangelt und im Winter Rotwild gejagt. Als Erwachsener trat er einer NGO bei, einer Nichtregierungsorganisation aus Freiwilligen, die sich um den regionalen Naturschutz kümmern. Andrew war bei einer NGO in der Grafschaft Gloucestershire aktiv, durch die ebenfalls der Severn fließt. Dadurch hat er die ganze Problematik der Aalfischerei hautnah mitbekommen. Er gründete die bereits erwähnte Sustainable Eel Group (SEG).

Die SEG prangert den umfangreichen Schwarzhandel mit Glasaalen zwischen Europa und Asien als eine der wesentlichen Bedrohungen für den Aalbestand an, dazu die vielen Verbauungen der Flussläufe und den Verlust an Lebensraum als zwei der größten Bedrohungen für den Europäischen Aal. Die SEG vertritt den Standpunkt, dass eine normale und regulierte – also nachhaltige – Aalfischerei keine Bedrohung für den Aal darstelle, sondern im Gegenteil dem Fisch die nötige Aufmerksamkeit sichere, die für seine Bestandserhaltung wichtig sei – im Gegensatz zu den Naturschutzaktivisten, die ein radikales Fangverbot fordern. Der WWF und Greenpeace haben mehrere Kampagnen gegen Fischer und Aalkonsumenten initiiert. Andrew meint, das sei Ausdruck purer Verblendung und solch engstirniger Dogmatismus sei alles andere als geeignet, die Probleme zu lösen.

»Hier werden aus purer Ideologie gute pragmatische Lösungen verhindert.«

Er meint sogar, dass die Einordnung des Aals als vom Aussterben bedrohte Art auf der Roten Liste mit einem Fragezeichen versehen werden sollte. »Die nüchternen Zahlen sagen, dass jährlich 1,5 Milliarden Glasaale in die Biskaya kommen, auch wenn das eine viel geringere Anzahl als früher ist.«

Er und seine Organisation werden von den Aktivisten scharf angegriffen und als verlängerter Arm der Industrie betrachtet, der der Fortsetzung des Glasaalfangs, der Aalaufzucht und den kommerziellen Interessen das Wort redet.

Andrew hat es nicht leicht, mit seiner Botschaft durchzudringen, aber er hat es geschafft, einige der führenden Wissenschaftler, Repräsentanten aus den kommerziellen Bereichen Fischfang, Aufzucht und Handel und sogar Aktivisten mit ins Boot zu holen. Dazu bemüht er sich, seine Kontakte in die Politik auszubauen. Der nächste Schritt wird die Eröffnung eines SEG-Büros in Brüssel sein.

Ungeachtet des Widerstands in manchen Lagern und der Skepsis auch vieler Wissenschaftler in der ICES (der einzigen anderen internationalen Organisation außer der SEG, die sich mit dem Europäischen Aal befasst) ist Andrews Gruppe mittlerweile so einflussreich, dass man sie nicht ignorieren kann. »Voraussetzung für den Erfolg ist die Zusammenarbeit über Länder- und Interessengruppengrenzen hinweg«, meint Andrew.

Wenn man von dem einen zum anderen Aal-Ort in England mit dem Zug fährt, kommt man zwangsläufig auch durch London. In der Weltstadt spielt der Aal natürlich ebenfalls eine gewisse Rolle. Zu diesem Thema gehören auch die Beziehungen zwischen den Niederlanden und England. Für mich selbst hat der Ausflug in den Nordosten der Stadt, zu den Stätten meiner Kindheitssommer, etwas von einer Pilgerreise.

Meine Großeltern wohnten hier draußen, im Nordosten an der roten Central Line. Meine Großmutter ist in den 1990er-Jahren gestorben, und meine Eltern haben danach das typisch englische Reihenhaus in Gants Hill verkauft. Das Stadtviertel habe sich gegenüber früher sowieso sehr verändert, meinten sie. Als ich als Kind jedes Jahr die Sommerferien hier verbrachte, war es ein gemütliches, sicheres Örtchen. Jeden Tag kam der Milchmann in seinem Auto mit den klirrenden Flaschen. Er war ein passionierter Sportangler und wollte unbedingt einmal nach Finnland reisen, dem »land of a thousand lakes«. Ich erzählte ihm daraufhin von der Insel Frøya – auf der wir lebten – mit ihren hundert Fischgewässern. Jetzt lese ich in der Zeitung, dass es den Beruf des Milchmanns – den es schon seit Langem nicht mehr gibt – wieder geben könnte. Im Zusammenhang mit dem Kampf gegen Einwegplastik will man nämlich zu Mehrweg-Glasflaschen zurückkehren und findet, dass der traditionelle Milchmann, der die gefüllten Flaschen bringt und die leeren wieder abholt, eine moderne und umweltfreundliche Lösung darstellt.

Der Postbote, der Schlachter, der Schuster und der örtliche Supermarkt. Jeder kannte jeden. Man war zwar in London, einer der Metropolen der Welt, aber es gab ein Gefühl dörflichen Zusammenhalts. Dabei war es auch damals schon multiethnisch. Beide Nachbarn meiner Großeltern in der Reihenhaussiedlung waren indisch-englische Familien. Der eine Familienvater arbeitete bei einer Bank, der andere war Augenarzt. Ihre Kinder waren meine Spielkameraden.

Multiethnisch ist es hier immer noch. Aber etwas ist verlorengegangen, denke ich, als ich durch die Straßen des Viertels wandere. Jetzt sehe ich Plakate, die auf »Nachbarschaftswachen« hinweisen, und ein Streifenwagen rollt durch heruntergekommene Straßen, auf denen sich nichts rührt. Ich bin hier während der ganz normalen Arbeitszeit an einem Werktag, das ist wohl die Erklärung. Gleichwohl ist es merkwürdig, in London eine Straße fast allein für sich zu haben. Ich nehme an, die Immobilienpreise sind hier immer noch niedrig. Es könnte, so scheint es, noch etwasdauern, bis die Gentrifizierung auch diesen Stadtteil erreicht. ihn

Mit der U-Bahn fahre ich ein paar Stationen westwärts in Richtung Stadtzentrum. Bis zum Bahnhof Bethnal Green. Hier sieht es ganz anders aus. Alles voller Menschen. Und kaum Touristen. Das ist definitiv keine Gegend, die Touristen anzieht. Hier sind »locals only«, wenn man von mir mal absieht. Was ich hier verloren habe? Ich bin auf der Suche nach Ost-Londons verlorener Seele, einem kleinen Stück Geschichte, das bis heute überlebt hat. Es ist der alte traditionelle »Pie, Mash, & Eel Shop«, eine kleine einfache Gaststätte, die das Cockney genannte Gericht serviert, zu dem auch Aal gehört.

Früher, als die Themse, die Hauptschlagader der Stadt, noch voller Aale war, gab es nichts Einfacheres, als sich einen zu fangen. Nach der Zubereitung ließ man den Fisch abkühlen, wobei der Fisch eine Art Gelee bildete. Damit war ein typisches Eastend-Gericht geboren: Jellied Eels.

Das war ein populäres Fast Food, das tiefere historische Wurzeln hat als das heute viel bekanntere, aber weit weniger einmalige Gericht Fish and Chips.

Interessanterweise sind beide Gerichte mit den Handelsbeziehungen zwischen englischen und niederländischen Seefahrern und Kaufleuten verknüpft. Niederländische Aalboote gab es auf der Themse schon im 17. Jahrhundert. Genau solche Kähne habe ich gut erhalten im niederländischen Spakenburg gesehen. Sie hatten einen Hohlraum im Kiel, durch den Meerwasser durch den Kielbereich strömte, in dem lebende Aale transportiert wurden. Einfache, aber geniale Ingenieurskunst. Die Planken und Balken, aus denen die Boote gezimmert waren, können durchaus sørländisch gewesen sein, denn Eichen aus Lillesand und den anderen Sørlandstädten waren gefragtes

Bauholz. Mit den Aalbooten wurden Aale und Hummer auch von der Sørlandsküste bis ins Vereinigte Königreich gebracht. Norwegen, die Niederlande und England sind also durch den Aal miteinander verbunden.

Fisch und Kartoffeln zu frittieren ist eine Tradition, die die Niederlande und England aus den Ländern importiert haben, die sie im 18. Jahrhundert kolonisierten. Die Idee, frittierten Fisch mit frittierten Kartoffeln zu kombinieren, ist allerdings erst später entstanden, und nach den bisherigen Erkenntnissen spricht vieles dafür, dass der erste Fish-and-Chips-Laden in London erst 1860 aufgemacht hat. Inzwischen sind Fish and Chips eine Art inoffizielles englisches Nationalgericht, während in den Niederlanden Pommes frites eine beliebte Spezialität sind.

Die Aalboote aus den Niederlanden fischten schon lange vorher in der Themse nach Aal, der auf alle möglichen Arten und Weisen zubereitet wurde, zumindest in den armen östlichen Stadtvierteln Londons. Einer der ersten Imbissläden, die das Gericht »Pie, Mash, and Eel« verkauften, wurde 1844 in Southwark eröffnet.

Seitdem, also seit über 150 Jahren, sind hunderte von Pie-Mash-and-Eel-Shops ein wichtiger Bestandteil der Londoner Kultur. Aber dieses historisches Erbe ist in Gefahr. Natürlich wegen der Situation des Aals, aber auch als ein Teil der alten Kultur, die durch die Gentrifizierung alter Stadtteile verschwindet.

Manze und Cooke heißen die beiden ältesten noch bestehenden Familienbetriebe, doch auch G. Kelly, Arments und Goddards Pies blicken schon auf eine sehr lange Tradition zurück. Alle diese Läden gibt es seit über 100 Jahren, und alle liegen in Ost- und Südost-London.

Der erste Pie-Mash-and-Eel-Shop von Manze wurde 1902 von MicheleManze gegründet. Danach hat Manze noch weitere

Filialen eröffnet, von denen heute noch drei in Betrieb sind. Die älteste steht unter Denkmalschutz. Das viktorianische Gebäude wie auch das Lokal wirken mit ihrem Marmor, den originalen Ladenschildern und Dekoren, als sei die Zeit stehengeblieben. Alles mutet sehr britisch an, wobei Manze selbst ein italienischer Einwanderer war. FredCooke eröffnete seinen ersten Imbiss schon 1862. Der heutige liegt am Broadway Market und wird von F. Cookes direktem Nachfahren Bob Cooke betrieben. Ich habe ihn auf YouTube gesehen, im Vice-Kanal, der einen guten Subkanal betreibt, ein Küchenprogramm namens *Munchies*, und in einem älteren Ausschnitt, in dem Anthony Bourdain ihn im Rahmen seiner Fernsehserie *No Reservations*, in der er die Londoner Restaurantkultur erforscht, in seinem Imbiss besucht. Dorthin bin ich jetzt unterwegs.

Um den Bahnhof herum tobt das Leben, wie auch anderswo in der Millionenstadt. Aber wenn man nur wenige Minuten weiter die Cambridge Heath Road entlanggeht, ist von dem Trubel nichts mehr zu spüren. Ich biege in die Hackney Road ab, dann in die Pritchards Road. Hier finde ich mich in einer kleinen Oase wieder, einem Hinterhof, in dem ein Haus abgerissen worden ist; auf dem Grundstück gibt es einen Gemüsegarten und ein vegetarisches Café. Das Fabrikgebäude daneben beherbergt ein Fitnessstudio mit Boxklub. Es sind vor allem hipstermäßige Jugendliche und junge Erwachsene, die hier arbeiten oder ihre Freizeit verbringen. Ein sicheres Anzeichen für die beginnende Gentrifizierung. Wahrscheinlich wäre es clever, hier schnell noch in Grundstücke und Immobilien zu investieren. Der Haupteindruck von der Umgebung ist allerdings noch schäbiges East End. Auch als ich den Kanal hinüber zum Broadway Market überquere, zeigt sich dieses Bild. Unten am Wasser ist ein cooles Café, in dem junge Leute sitzen, anscheinend Studenten.

Selbst die Straßen mit ihren vielen Fachgeschäften rund um den Broadway Market erinnern mich ein wenig an das Gants Hill von früher. Hier befindet sich auch – seit 150 Jahren – F. Cooke. Mit dem eleganten grünen Namensschild über zwei großen Schaufenstern, auf denen in Goldbuchstaben Aal, Pie und Mash angepriesen werden. Tür und Fensterrahmen sind aus Holz, rund um die großen Schaufenster ist die Fassade mit grauweißem Marmor verkleidet.

Drinnen scheint die Zeit stehengeblieben zu sein. Marmortischplatten und weiße Fliesen an den Wänden. Früher war der Boden hier noch mit Sägespänen bestreut. Vermutlich, um die Aalgräten, die die Kunden ausspuckten, leichter zusammenfegen zu können. Ich erinnere mich an den alten Metzgerladen in Gants Hill, der auch so aussah: Wandfliesen und Sägespäne auf dem Boden. Ich erinnere mich noch an den ganz besonderen Geruch in dieser Metzgerei, eine Mischung aus rohem Fleisch und Sägespänen. Auch das Dekor ist dasselbe. Bob Cooke thront hinter der schweren Marmortheke. Nur ein einziger Kunde ist vor mir dran. Ein Mann im Anzug. An den Wänden hängen Fotografien von prominenten Kunden, alte ausgeblichene Plakate, auf denen Aale und ihre gesundheitsfördernde Wirkung gepriesen werden, und ein Mannschaftsfoto der Tottenham Hotspurs, das wohl aus ihrer besten Zeit in den 1950er- und 1960er–Jahren stammt. Der perfekte Aufhänger für ein lockeres Gespräch, denn Tottenham-Fan war ich auch. Witzigerweise ist der Anzugträger vor mir leidenschaftlicher Arsenal-Fan. Tottenham und Arsenal sind bekanntlich scharfe Rivalen hier oben in Nordost-London. Ich erzähle, dass ich Wurzeln in Gants Hill habe und ursprünglich eher zu West Ham hielt, weil das näher lag. Aber nachdem mein älterer Bruder Tottenham-Fan wurde, wurde ich es auch.

Der Arsenal-Fan erweist sich als netter »local businessman«. Er möge Pie and Mash und nehme immer Aal dazu, erzählt er, während ich mich an einen anderen Tisch setze und meine Pie and Mash mit gekochtem Aal esse.

Bobs Speisekarte ist nicht sehr umfangreich. Es gibt Pie (Pastete mit Fleischfüllung) und Mash (Kartoffelpüree), und zwar mit reichlich Soße. Die Soße ist eine grüne Petersiliensuppe (»parsley sauce«). Man kann sich aussuchen, ob man Aal dazu möchte, und hier wiederum hat man die Wahl zwischen gekochtem Aal, angewärmt in Petersiliensoße, oder kaltem Aal in Gelee (»jellied eels«). Jellied Eels werden heutzutage mit etwas zusätzlicher Gelatine zubereitet und schmecken ziemlich speziell nach Fisch. Zu Jellied Eels nimmt man gewöhnlich auch etwas »vinegar sauce« oder »chili vinegar sauce«. Als Getränk bietet Bob Brause, Kaffee oder Tee an. Insgesamt ein unprätentiöses, einfaches Gericht, und billig noch dazu.

Die ersten Pie-Mash-and-Eel-Shops sollen noch Aalpastete serviert haben. Die Engländer sind seit jeher bekannt für ihre Pasteten in zahllosen Varianten. Die Aalpastete wurde schon nach kurzer Zeit durch eine mit Fleischfüllung ersetzt, und so wurde der Aal zur Beilage der Fleischpastete mit Kartoffelpüree (oft in Petersiliensoße). Bob serviert das Gericht so, wie man es immer schon serviert hat.

Der erfahrene Aalesser nimmt einen ganzen Bissen Aal in den Mund und dreht ihn mit der Zunge so, dass er Fleisch und Haut hinunterschlucken und das kleine scharfe Stück Rückgrat mit der Zungenspitze hinausschieben und auf den Tellerrand legen kann. Und natürlich hat es Vorfälle gegeben, bei denen weniger erfahrene Gäste kurz davor waren, die Gräte zu verschlucken. Bob berichtet von blutigen Szenen, wobei er lauthals lachen muss. Der Mann hat Humor. Sowohl Bob als auch der Anzugträger sind Einheimische, die schon ihr ganzes Leben lang hier wohnen. Sie haben einen deutlichem Cockney-Akzent.

Sie können nicht wissen, wie sehr die Gentrifizierung ihr Viertel verändern wird. Etwas weiter nordöstlich wird das neue Tottenham-Stadion gebaut. Vermutlich wird das dem Viertel wieder ein wenig Auftrieb verleihen. Die Kriminalitätsrate ist hier mittlerweile ziemlich hoch, es ist längst nicht mehr so gemütlich wie früher. Vielleicht hat die Gentrifizierung auch ihr Gutes.

Das Schlechte daran sei, meinen sie, dass die jungen Leute kein Verständnis mehr für die ursprüngliche lokale Kultur hätten. Aber vielleicht irren sie sich diesbezüglich. Die alten Pie-Mash-and-Eel-Shops sind nämlich bei den Hipstern und Feinschmeckern durchaus beliebt. Dass Bourdain und *Munchies* hierherkommen, ist kein Zufall. Auch die Medien beginnen sich für diesen fast vergessenen Teil der ursprünglichen britischen Kultur zu interessieren. Später am Abend sehe ich zufällig eine Fernsehsendung, in der diese traditionellen Gaststätten im East End vorgestellt werden. Inzwischen gibt es sogar einen Bildband, der sich mit ihnen beschäftigt.

Als wir so beim Essen sitzen und uns unterhalten und ich mich fast wie ein »local« fühle, kommt eine junge Niederländerin herein, die das Lokal anscheinend auf YouTube entdeckt hat. Auch sie will Jellied Eels mit Pie and Mash probieren.

Bob erzählt, dass alle von ihm verarbeiteten Aale inzwischen aus Aufzuchtbetrieben in den Niederlanden stammten. Früher konnte man sie noch direkt aus dem Kanal fischen. Er meint den Kanal, der von der Themse durch Broadway Market, Camden und Regent's Park weiter nach Westen bis nach Little Venice führt. Er wird von Wander-, Lauf- und Radwegen und vielen hübschen Grundstücken gesäumt und von besonderen Kanalbooten befahren. Aale zu fischen ist hier inzwischen allerdings verboten. Wer hier einen Aal kauft, bekommt Aufzuchtaal. Vielleicht werden sie als Glasaale im Severn gefischt und dann zu den Aufzuchtanlagen in den Niederlanden gebracht, um dann zum Verkauf und Verzehr an die letzten überlebenden Aalimbisse hier in London geliefert zu werden. Bob macht das nicht viel aus, er macht weiter wie immer. Aber es ist die Erklärung dafür, warum es schwieriger und teurer geworden ist, an Aale zu kommen. Und er findet es schon ein bisschen blöd, dass man Aufzuchtaale aus den Niederlanden importieren muss.

Ich darf einen Blick in den Hinterhof werfen, wo sich die Küche und die Arbeitsräume befinden. Der über 100 Jahre alte Ofen wird aus Sicherheitsgründen nicht mehr benutzt, aber die ebenfalls historischen Maschinen, mit denen der Pastetenteig gerollt und geknetet wird, und die Pastetenformen selbst sind noch in Gebrauch.

Nach dem Ausflug ins Londoner East End fahre ich mit der U-Bahn bis ganz hinaus ins West End, nach Notting Hill mit der Portobello Road und dem Portobello Market. Hier sieht das alles ganz anders aus. Reichlich hippe, coole junge Leute gibt es auch hier, aber zusätzlich treiben sich Unmengen von Touristen herum. Mich hätte es nicht unbedingt hierhergezogen, wenn es hier nicht einen sehr guten kleinen Buchladen gäbe. Books for Cooks ist eine ganz besondere Buchhandlung, die sich auf Kochbücher spezialisiert hat und zu der sogar ein eigenes kleines Restaurant gehört. In dem werden Gerichte nach Rezepten aus einem der vielen tausend Bücher im Bestand zubereitet.

In den Regalen entdecke ich eine kleine Perle: Madame Pruniers Fischkochbuch, das unter anderem eine ganze Reihe Aalrezepte enthält. Madame Prunier ist eine Institution und ein Beispiel für Londons wachsende gastronomische Bedeutung. Madame Prunier hieß mit Vornamen Simone und hatte nach dem frühen Tod ihres Vaters bereits mit 22 Jahren den Familienbetrieb übernommen, das berühmte Restaurant Prunier. Schon ihr Vater hatte das Restaurant in jungen Jahren geführt, nachdem auch sein Vater früh verstorben war. Simone Pruniers berühmter Großvater war Alfred Prunier, der das Restaurant 1872 ursprünglich in Paris eröffnet hatte. Er war einer der Ersten, der frischen Fisch und frische Meeresfrüchte mit dem Schnellzug von der Küste nach Paris bringen ließ. Prunier führte auch die Veredelung von Störkaviar ein, nachdem die Lieferungen aus Russland nach der Oktoberrevolution 1917 ausblieben.

Besonders der Transport mit dem Schnellzug stellte einen enormen Fortschritt für die Restaurants der großen Städte dar, die bis dahin mit Booten beliefert wurden. Der alte Londoner Billingsgate-Fischmarkt, der sinnigerweise an der Themse lag, war während des ganzen 19. Jahrhunderts der größte Fischmarkt der Welt.

Madame Prunier eröffnete auch in London ein Restaurant und hatte großen Erfolg damit. Zu den zahlreichen Stammgästen gehörten Prinz Edward und Wallis Simpson. 1938 veröffentlichte sie ihr *Fish Cookery Book*, das bis heute ein Klassiker ist.

Das Interessante an diesem Buch sind die 16 verschiedenen Aalrezepte, unter anderem eines für gespickten Aal mit Steinpilzen von der Somme. Der Grund für die genaue Ortsfestlegung in diesem Rezept war, dass es zur Verpflegung der Soldaten in den Schützengräben des Ersten Weltkriegs verwendet wurde.

In Henriette Schønberg Erkens Kochbuch *Store kokebok* von 1949 finden sich ebenfalls Aalrezepte. Es sind allerdings wesentlich weniger Rezepte, nämlich nur für gekochten, gespickten, geräucherten und gelierten Aal, also den englischen Aal in Gelee.

Ein weiteres interessantes Aalbuch ist die herrliche Novelle *Ål i karri* (»Aal in Curry«) meines Landsmanns und Schriftstellerkollegen Arthur Omre, in der ein eifersüchtiger, betrogener Ehemann dem Liebhaber seiner Frau mit dem Tode droht. Das feindselige Verhältnis entwickelt sich zu einer Freundschaft, als die beiden gemeinsam Aal fischen und ihn nach allen Regeln der Kunst in Curry zubereiten.

Während der Arbeit am vorliegenden Buch bin ich in fast jedem klassischen Kochbuch auf Aalrezepte gestoßen, überall habe ich traditionelle Zubereitungsarten für Aal aufgespürt, so auf Mallorca, in einer Sendung des Fernsehkochs Floyd, in Italien und an vielen anderen Orten. Und nicht zuletzt habe ich ihn gegessen – geräucherten Aal, gespickten Aal, »luad« Aal, Jellied Eel und Kabayaki, Aalsuppe und angespickten Glasaal.

Es ist verdammt lang her, dass ich am Hammarvatnet den seltsamen Fisch am Haken hatte und nicht wusste, was ich mit ihm anfangen sollte.

»Panta rhei«: Lasst den Fluss leben

»La elva leve« – lasst den Fluss leben! 1979 war für Norwegen eine Art zweites 1968. Weil ein Großunternehmen ihn für die Energiegewinnung regulieren wollte, kam es am Fluss Alta in Nordnorwegen und auch in der Hauptstadt Oslo zu heftigen Demonstrationen. Naturschützer, engagierte Bürger und die samische Bevölkerung protestierten Seite an Seite. Auch Arne Næss, ein zu dieser Zeit in Norwegen bekannter, einflussreicher Philosoph, hatte sich den Protesten angeschlossen. Und nicht zuletzt die rebellierende Jugend. Auch heute wieder gehen Naturschutz und jugendliches Engagement Hand in Hand.

Die Alta gilt den Samen als heiliger Fluss, er ist eine Lebensader, die sie seit jeher mit Fischen versorgt. Norweger und Samen beteiligten sich in der Folge an gefährlichen Sabotageakten, gemeinsam blockierten sie die Baustelle am Fluss und ließen sich von der Polizei wegtragen. Samische Jugendliche traten vor dem Storting, dem Parlament in Oslo, sogar in Hungerstreik. Im Zuge der Alta-Affäre erhielt das Volk der Samen erstmals ein eigenes Parlament, den Sameting.

Das Wasserkraftwerk wurde letztendlich trotzdem gebaut. Der Ausbau der Alta war sozusagen der Auftakt der systematischen Nutzung der Wasserkraft in Norwegen. In der Folge wurden zahlreiche weitere Flüsse reguliert. Wasserkraft ist eine der wichtigsten Energiequellen. Heute werden hierzulande fast

90 Prozent der Elektrizität durch Wasserkraftwerke erzeugt. Der Strom kann im eigenen Land selbst gar nicht mehr verbraucht werden, es herrscht eine beträchtliche Überproduktion.

Doch obwohl Norwegen seinen Strombedarf nicht nur längst selbst deckt, sondern auch noch einen großen Teil seines erzeugten Stroms exportiert und der damalige norwegische Ministerpräsident Jens Stoltenberg in seiner Neujahrsansprache 2001 erklärte, die Zeit des Baus großer Wasserkraftwerke sei vorbei, wurden die Flussregulierungen weiter vorangetrieben. Die meisten aktuellen Ausbaumaßnahmen betreffen zwar bereits vorhandene Flussregulierungen, aber es werden immer wieder auch neue geplant – selbst an bisher unberührten Flussläufen. Zusätzlich wird die Windkraft ausgebaut, obwohl das eigentlich gar nicht notwendig ist. Zum Glück sind mittlerweile viele Flüsse per Gesetz ausdrücklich davor geschützt, dass an ihnen Wasserkraftwerke gebaut werden. Man fragt sich, warum die Regierung den Energiekonzernen immer noch mehr Wasserkraftwerke zugesteht, wo doch der nationale Strombedarf mehr als gedeckt ist. Die Kraftwerksbetreiber argumentieren mit »sauberer Energie«, die Norwegen in den Rest Europas exportiere, wo immer noch Strom aus »schmutzigen« Quellen wie Kohle, Gas und Öl gewonnen werde. Norwegischer Strom aus Wasser- und Windenergie würde also die Welt – oder zumindest die Umwelt – retten. Je mehr Kraftwerke wir in unsere Flüsse stellten, desto besser, zumal damit gutes Geld verdient werde. Und natürlich weisen die Kraftwerksbetreiber darauf hin, dass ein Großteil der ohne Zweifel hohen Gewinne den Kommunen an den Standorten der Kraftwerke zugutekomme und sie für Arbeitsplätze sorgten. Mit diesen Argumenten lässt sich freilich immer punkten, sodass die Wasserkraft in der Öffentlichkeit ein fast uneingeschränkt positives Image besitzt.

Ich wandere mit meinem Vetter Frode am Ufer des Storelva entlang. Von meiner Mutter weiß ich, dass Frode sich schon als Jugendlicher für den Umweltschutz engagiert hat. Sein Lebensweg führte ihn konsequent vom Aktivisten zum Wissenschaftler. Heute ist er Umweltberater in unserer Provinz Aust-Agder. Während seiner Zeit am NIVA, dem Norwegischen Institut für Gewässerforschung, war er am Storelva in Tvedestrand für die Kontrolle der Wasserqualität zuständig und stieß dabei immer wieder auf geschredderte Forellen, Lachse und Aale. Seitdem war seine Leidenschaft für Aale geboren und widmet sich der Lösung dieses Problems. Seine aufrüttelnden Fotos von Haufen geschredderter Aale sind um die Welt gegangen. Unter anderem werden sie von der Sustainable Eel Group bei Informationsveranstaltungen und Aktionen verwendet, denn sie machen die zerstörerischen Auswirkungen der Wasserkraftwerke auf das Leben in den Flüssen auf drastische Weise sinnfällig.

Nicht wenige Experten sind der Meinung, dass Wasserkraftwerke und die Regulierung der Flussläufe sogar die Hauptgründe für das Verschwinden des Aals seien. Für Frode steht dies außer Frage: »Zum einen werden durch die Kraftwerke all diejenigen Aale zurückgehalten, die zum Laichen in die Sargassosee aufbrechen wollen (anders gesagt: Sie werden von den Turbinen getötet). Das lässt sich an allen Flüssen und Seen beobachten, egal ob groß oder klein. Zum anderen und gleichzeitig können die kleinen Glasaale, die aus der Sargassosee kommen und in die Flüsse aufsteigen wollen, ihre Lebensräume, in denen sie zu großen Aalen heranwachsen, gar nicht mehr erreichen. Die Hindernisse sind zahlreich und von Fluss zu Fluss verschieden. In jedem Fall ist der komplexe und sehr langwierige Fortpflanzungszyklus der Aale durchbrochen«, sagt Frode und zeigt auf den mit einem Damm verbauten Storelva.

Man muss kein Wissenschaftler sein, um zu begreifen, dass das nichts Gutes bedeutet, denke ich, da reicht der gesunde Menschenverstand aus. Das Wasserkraftwerk versperrt den Fluss wie eine solide Wand – es ist unüberwindlich für jeden Aal oder andere Fische. Dabei ist dies noch ein kleines Kraftwerk. Es wurde 2008 errichtet, um die lokalen Haushalte in der Umgebung mit Strom zu versorgen. Die Auswirkungen auf den gesamten Fluss und sein Ökosystem, seine Fauna und Flora sind allerdings massiv. Ich mag mir gar nicht vorstellen, wie das Ergebnis aussieht, wenn man die Gesamtheit solcher Eingriffe in ganz Europa betrachtet. Regulierte Flussläufe sind die Regel, natürliche, unverbaute Flüsse inzwischen die Ausnahme, und diejenigen unberührten Flusslandschaften, die es noch gibt, sind hochgradig gefährdet. Das Ausmaß der Zerstörung ist beträchtlich.

»Es ist doch eigentlich offensichtlich«, so Frode, »dass Wasserkraftwerke, Flussregulierungen, Dämme, Staustufen und andere Hindernisse, dazu die Trockenlegung von Feuchtgebieten und der Ausbau von Gewässern, Flüssen und Wasserfällen umfassende Eingriffe in die Natur sind, deren negative Folgen mittlerweile gut erforscht und dokumentiert sind. Insbesondere gefährden all diese von Menschen gemachten Maßnahmen massiv den ohnehin schon vom Aussterben bedrohten Aal.«

Frodes ehedem leuchtend roter Bart ist inzwischen weitgehend ergraut, aber an seinem zornigen Blick erkennt man, dass er immer noch für die Sache brennt. Natürlich kann er sich im Traum nicht vorstellen, Aal zu essen, da er viel zu sehr damit beschäftigt ist, Aale zu *retten*. Besonders frustrierend findet er in diesem Zusammenhang die Gleichgültigkeit der Gesellschaft diesem Thema gegenüber. In der öffentlichen Meinung gilt Wasserkraft noch immer als »grüne« und klimafreundliche Alternative und der Naturschutzaspekt wird komplett ignoriert.

In seinem *Living Planet Report* von 2016 legte der WWF einen umfassenden Bericht über den gegenwärtigen »Gesundheitszustand« der Erde vor. Darin wird besonders auf das Artensterben und seine Hintergründe eingegangen. Der Bericht konstatiert, dass nahezu 58 Prozent aller bekannten Arten seit 1970 einem dramatischen Niedergang entgegengehen. Es wird darauf verwiesen, dass der wichtigste Faktor für das Artensterben der Verlust der natürlichen Lebensräume ist, der sich um ein Vielfaches stärker auswirkt als Umweltverschmutzung, Überfischung und Überjagung, invasive Arten und Klimaveränderungen zusammen. Besonders deutlich sind die Folgen des Lebensraumverlusts in Feuchtgebieten und Flüssen zu spüren, wo, so der Bericht, ein Rückgang um 81 Prozent bei allen bekannten Arten zu verzeichnen ist. Und das liegt nicht zuletzt daran, dass viele dieser Lebensräume mit Wehren, Turbinen, Dämmen und Regulierungen ausgebaut sind.

Der Bericht bestätigt das mitunter so bezeichnete »sechste große Massenaussterben«. Und nirgendwo sonst sieht man die Folgen dessen, was wir »Anthropozän« nennen, die Epoche, in der der Mensch der wichtigste Faktor für die biologischen, geologischen und atmosphärischen Prozesse der Erde geworden ist, so deutlich wie bei begradigten, regulierten Flüssen und Wasserläufen. Wir können ja gerne über den Regenwald am Amazonas oder auf Borneo reden, aber mit derselben Problematik sind wir vor der eigenen Haustür konfrontiert. Nur dass wir dies vielfach nicht wahrhaben wollen und verdrängen. Dass Wasserkraft als »grüne Energie« verklärt wird, die Arbeitsplätze schafft, gehört dazu und macht es nicht einfacher, ein Problembewusstsein zu entwickeln und über mögliche Alternativen zu diskutieren.

Es heißt immer, dass 70 Prozent der Erdoberfläche von Wasser bedeckt seien. Ein Blick auf den Globus lässt einen leicht stutzig werden. Zweifellos ist der Anteil der Ozeane an der Erdoberfläche größer als der der Landfläche, aber sollten das tatsächlich 70 Prozent sein? In der Tat sind in den 70 Prozent neben den Ozeanen und Meeren auch alle anderen Gewässer enthalten, also alle Seen und Flüsse wie etwa der Nil, der Amazonas, der Jangtsekiang, die Donau und der Rhein. Ebenfalls darin enthalten sind die »Trockengewässer« in Form von Schnee und Eis. Ja sogar der Regen ist in dieser Zahl berücksichtigt. Aber das Meer macht selbstverständlich den größten Teil dieser 70 Prozent aus, und sowohl der Regen als auch die Flüsse (und ein Großteil des Eises) sind mit dem Meer auf die eine oder andere Weise verbunden. Das Meer ist zum Beispiel salzig, weil die Flüsse (und der Regen und das Eis) das Salz aus dem Gestein, den Bergen und dem Sand gewaschen haben. Doch die Flüsse sind nicht weniger wichtig als das Meer. Sie sind die Adern der Landmassen, die die Berge mit dem Meer verbinden.

AMBER – die Abkürzung steht für Adaptive Management of Barriers in European Rivers – ist eine europäische Organisation, die sich für »freie«, naturbelassene Flüsse und Wasserläufe einsetzt. Forscher aus unterschiedlichen europäischen Ländern sind an ihr beteiligt, wobei der Vorsitz turnusmäßig unter den beteiligten Staaten wechselt. Während ich dies schreibe, hat ihn gerade Großbritannien inne. Es gibt derzeit keine norwegischen oder schwedischen Mitglieder, dafür aber einige dänische. Die von der EU geförderte Organisation informiert europaweit über die Folgen versperrter Flussläufe. Das ist der erste Schritt. Auf der Website heißt es: »Wenn Europa erst einmal verstanden hat, worum es hier geht, muss der nächste Schritt sein, die schlimmsten Verbauungen mit ihren negativen Folgen zu beseitigen und

Flussläufe und angrenzende Lebensräume so weit wie möglich wieder in ihren natürlichen Zustand zu versetzen.« Laut Angaben von AMBER gibt es rund eine Million Wasserkraftwerke, Schleusen, Wehre und andere Verbauungen und Hindernisse unterschiedlichster Art in ganz Europa. Die Organisation sieht durchaus deren positive Aspekte, für die Energiegewinnung, die Feldbewässerung und den Hochwasserschutz, betont aber, dass etliche auch unnötig, ineffektiv oder gar kontraproduktiv sind. AMBER plädiert für mehr Nachhaltigkeit auch in diesem Bereich, unnötige Flussverbauungen sollten entfernt und für die notwendigen umweltverträgliche Lösungen gefunden werden.

Allein in Deutschland gibt es schätzungsweise über 7000 Wasserkraftwerke und Flussregulierungen. Dazu kommen zig Schleusen und Deiche, die ebenfalls große Hindernisse für Fische darstellen. Nicht nur für den Aal, sondern zum Beispiel auch für den Atlantischen Lachs, unseren Wildlachs, der in den letzten Jahrzehnten einen Großteil seiner natürlichen Lebensräume verloren hat.

Der Rhein ist einer der größten Flüsse Europas und mit seinen vielen Nebenflüssen und seinem riesigen Einzugsgebiet einer der wichtigsten Lebensräume des Europäischen Aals. Seine Quelle entspringt in den Schweizer Alpen, und er mündet nach 1230 Kilometern in der Nordsee, sein Mündungsdelta erstreckt sich über große Teile der Niederlande. Einst bildete der Rhein die natürliche Nordostgrenze des Römischen Reichs. Heute fließt er zum größten Teil durch Deutschland, wobei alle Mündungsarme in den Niederlanden liegen. Hier, in einem klassischen Aalland, sind lediglich noch fünf Prozent der Flüsse und Wasserläufe unreguliert.

Bezüglich des Rheins kursiert der unbestätigte, aber in jedem Fall alarmierende Befund, dass mehr als die Hälfte der abwandernden Aale unterwegs in Wasserkraftwerken und Flussverbauungen verenden. Wie viele Glasaale und Jungaale im Gegenzug flussaufwärts durchkommen, ist unbekannt. Lachs scheint es im Rhein längst nicht mehr zu geben, wobei es Bestrebungen gibt, dort wieder Smolt (Lachse auf der Wanderung) auszusetzen. Aber wenn der Lebensraum großenteils zerstört ist?

Den Aalen, die die letzten 30 bis 40 Jahre nichtsahnend in den Oberläufen ihrer Süßwasserhabitate verbracht haben, wurde in dieser Zeit mit zahlreichen Kraftwerken und Dämmen der Weg zurück ins Meer verbaut. Nur wenige von ihnen, die sich, wenn die Zeit irgendwann gekommen ist (man weiß nicht genau, wann), aufmachen, um sich im Sargassomeer fortzupflanzen, werden dort ankommen.

In viele große und kleine norwegische Flüsse wurden schon früh Mühlen und Kraftwerke gebaut. Und es hat sich auch schon vergleichsweise früh ein Bewusstsein für die Probleme entwickelt, die diese Eingriffe für die Fische in den Flüssen mit sich bringen. Bereits 1904 schrieb Hartvig Huitfeldt-Kaas, ein im damaligen Landwirtschaftsministerium beschäftigter Süßwasserbiologe: »Auf seiner Wanderung ins Meer erleidet der abwandernde Aal großen Schaden durch Turbinen und Mühlräder. Besonders gefährlich für die Aale sind die Turbinen, weil jeder einzelne Fisch, der hineingerät, in kleine Stücke gehackt wird, wenn es nicht gleich so viele Aale gleichzeitig sind, dass die Turbine blockiert, was in vielen unserer Flüsse geschieht. Bereits seit einigen Jahren werden daher in den meisten anderen Ländern Vorkehrungen getroffen, um die Aale (und auch andere Fischarten) vor Verletzungen durch Turbinen zu schützen.«

Und sogar aus dem Mittelalter sind Beschwerden über die durch Mühlen versperrten Wasserläufe und die daraus folgenden

Nachteile überliefert. Fischtreppen scheinen bereits damals für Lachse und Meerforellen auf dem Weg flussaufwärts angelegt worden zu sein. Aber Jungaale schaffen es nicht, diese stark durchströmten Passagen zu meistern – Lachstreppen sind eben für Lachse gebaut, einen Fisch, der mit Gegenströmungen gut fertig wird. Und was den Weg flussabwärts für Aale und andere Fische angeht, so hat sich seit dem Befund von Huitfeldt-Kaas aus dem Jahre 1904 wenig geändert.

Frode und seine Kollegen entwickelten – nach etlichen erfolglosen Versuchen – eine Art Schleuse, einen eigenen kleinen Seitenkanal, der um das Wasserkraftwerk herumführt. Wenn er in einem entsprechenden Abstand vor dem Kraftwerk abzweigt, finden die meisten Aale heraus, dass sie ihn benutzen können, um die Hürde zu umschwimmen. Durch Maßnahmen dieser Art gelangen wieder mehr Aale in den Unterlauf des Flusses, ohne von den Turbinen geschreddert zu werden.

Auch in anderen Wasserläufen sorgen sogenannte Aaltreppen dafür, dass es Glas- und Jungaalen besser gelingt, ihren Weg in den Oberlauf fortzusetzen. Dazu werden zum Beispiel Wannen mit Natur- und Kunstrasen ausgelegt, die es den Aalen ermöglichen, an den Hindernissen vorbeizuklettern.

In Deutschland und der Schweiz – im Einzugsgebiet des Rheins – wird an unterschiedlichen Lösungen gearbeitet. Dazu gehören auch eigene Aufzüge für Fische. Auf YouTube ist ein Video über dieses »Luxustransportmittel« zu sehen, in dem ein großer Wannenaufzug Fische verschiedenster Arten – darunter auch Aale – an den Wasserkraftturbinen vorbeibefördert.

Alle deutschen Wasserkraftwerke sollen bis 2030 so umgerüstet werden, dass Aale und andere Fische sie gefahrlos passieren können. Es liegt an der ungeheuren Menge an

Dämmen, Schleusen und Kraftwerken in sämtlichen Flüssen und Nebenflüssen, dass es sicherlich noch gut zehn Jahre dauern wird, bis dieses Ziel erreicht ist. Zumal die Kosten und der Aufwand dafür immens sind. Es stellt sich darüber hinaus die Frage, ob all diese Maßnahmen wirklich ausreichen, um den Aalbestand noch zu retten, wenn 90 Prozent der Glasaale aus verschiedenen Gründen für die Reproduktion ausfallen und nur noch zehn Prozent in ihren Süßwasserlebensräumen ankommen, wo sie etwa 30 Jahre verbringen, bevor sie wieder, an allen Hindernissen vorbei, flussabwärts wandern.

Um es noch einmal zu betonen: Der Aal im Rhein und der im Storelva bei Tvedestrand gehören, wie wir heute wissen, zum selben Aalstamm. Ob die Aale sich den Storelva, den Shannon oder den Rhein oder kleine Flüsse ganz ohne Verbauungen nach so etwas wie einem bestimmten Muster aussuchen, darüber wissen wir vorläufig wenig bis nichts.

Auch der Zeitaspekt ist interessant. Denn das Ergebnis des Zusammenbruchs der Glasaalbestände werden wir erst in vielen Jahren zu spüren bekommen. Und wiederum gleichzeitig hängt von der Anzahl der Blankaale, die die lange Reise zurück ins Sargassomeer überstehen, die Anzahl der Glasaale ab, die in den kommenden Jahren an den europäischen Küsten ankommen werden.

Der Aal heißt sowohl auf Norwegisch wie auf Schwedisch und Dänisch »ål«. Im Deutschen und Englischen gibt es die verwandten Bezeichnungen »Aal« und »eel«. Auf Isländisch heißt er »áll« und auf Färingisch »állur«. Das ist nicht verwunderlich, wenn man bedenkt, dass das altnordische Wort »áll« lautet. (In den Niederlanden kennt man allerdings das Wort »paling«, und weiter südlich stößt man auf die Ableitungen des lateinischen »anguilla«.)

Es gibt eine ganze Reihe Ortsnamen im germanischen Sprachgebiet, die sich auf den Aal beziehen, ob sie ihn nun ål, aal oder ahl schreiben: in Norwegen Ålesund, in Dänemark Aalborg. In diesen »Aalorten« gab es vermutlich besonders viele Aalfischer. Hier wächst das Aalgras, in dem der Aal besonders gut gedeiht. Aber was ist mit der kleinen Siedlung Ål, weit im Binnenland, 200 Kilometer vom Meer entfernt, rund 1000 Meter über dem Meeresspiegel, fast im Hochfjell, oben im Hallingdal? Hat es hier etwa auch einmal Aale gegeben? Wasserläufe führen jedenfalls bis hier hinauf.

Das altnordische áll hat zwei Bedeutungen. In der Sprachwissenschaft nennt man das ein Homonym. Einerseits bezeichnet es den Fisch, andererseits einen schmalen Sund, eine Klamm oder einen Fluss. Womöglich ist áll mit å oder aa für einen Bach oder Fluss verwandt, die sich heute noch häufig im Dänischen und Norwegischen finden. Erklärt sich vielleicht so der Name des Ortes Ål im Hallingdal? Bezieht er sich auf den Hallingdalselva, die den Ort durchfließt?

Auch im Altenglischen und schon im Urgermanischen findet sich diese Homonymie. Das erklärt Ortsnamen wie Ely in England, Ahlen und Aalen in Deutschland – die letzten beiden nicht unbedingt bekannte Aalorte, aber an einem Fluss liegend.

In neuerer Zeit haben diese Städte, die tief im Binnenland, weit entfernt vom Meer liegen, ihre Wappen mit einem Aal beziehungsweise einem Aalspeer versehen und wurden dadurch nachträglich zu »Aalorten«. Das Flüsschen, an dem Ahlen liegt, fließt in den Rhein und hat daher sicherlich einen gewissen Bestand an Aalen, aber Aalen liegt schon tief in Süddeutschland. Es mag auch hier Aale gegeben haben, aber wahrscheinlich geht der Name doch eher auf das Gewässer zurück, nicht auf den Fisch.

Aber wir wissen ja, dass es einen Zusammenhang zwischen der Fischart Aal und dem Flusswort Aal gibt – und weil in neuerer Zeit beide in eins zusammengeworfen wurden, erhielten die Wappen beider Städte einen Aal. Es sind übrigens nicht die einzigen. Es gibt zahlreiche Dörfer und Städte in Europa, die einen Aal im Wappen führen. Aber nicht zuletzt gibt es eben auch Orte, bei denen Aal Namensbestandteil ist *und* die einen Aal als Bild im Wappen führen, zum Beispiel Ahlebeck und Alsleben in Deutschland, Albo an der schonischen Küste in Schweden und Aalsmeer in den Niederlanden. Einige davon sind Aalorte, andere nicht. Vielleicht aber waren Aale ja einmal so weit verbreitet und so häufig – und als Speisefisch auch so geschätzt –, dass sie sowohl in die Sprache wie in die Heraldik eingegangen sind.

Heute kennen wir nur noch Aal in der Bedeutung des Fisches. Der Fisch und sein Lebensraum sind eins geworden.

In Stjørdal, wo Frode aufgewachsen ist, fließt der große, schöne Stjørdalselva, der einen reichen Bestand an Forellen und Lachsen aufweist. Bereits als Kind war Frode mit der Angel unterwegs und fing mit Begeisterung Aale. Er verkaufte sie sogar; wie auch ich in den Seen auf Frøya Aale landete und ihnen den Kopf abschnitt.

Nachdem Frode sich als Biologe lange und so intensiv mit dem Aal beschäftigt hat, ist es für ihn heute ein Sakrileg, sein Studienobjekt zu töten und zu verspeisen. Nicht zuletzt auch aus folgendem Grund: Aale enthalten ziemlich viele Umweltgifte. »Allein deshalb würde ich niemandem empfehlen, sie zu essen«, warnt Frode.

Weil der Aal am Gewässergrund lebt, wo die Schwermetall- und Schadstoffkonzentration am größten ist, und viel Fett im Körper einlagert, können sich Umweltgifte in ihm schnell anreichern. Natürlich ist der Toxingehalt je nach Lebensraum sehr verschieden. Die norwegischen Gewässer zum Beispiel sind noch vergleichsweise sauber.

Gleichwohl rechtfertigen die Aalaufzüchter ihr Geschäft auch hierzulande damit, dass Aale aus der freien Wildbahn durch Umweltgifte zu stark belastet seien. Bei der kontrollierten Aufzucht von Aalen lagerten sich dagegen kaum Giftstoffe im Fettgewebe des Fisches ein.

Nun ja, davon abgesehen, dass ich finde, dass wir ein etwas übertriebenes Verhältnis zur »Reinheit« von Lebensmitteln haben, und dass Ernährungsberater gerne einander an Panikmache übertreffen (aber das behalte ich lieber für mich, Frode dürfte das grundsätzlich anders sehen), ist die Aalzucht zunächst einmal ein Geschäft, für das jede Menge Glasaale benötigt werden, die dafür in Massen gefangen werden müssen.

Frode und ich sind Mitglieder einer Facebook-Aalgruppe namens Eel-Town, gegründet von einem Amerikaner. Deren Zielsetzung unterscheidet sich nicht grundsätzlich von der Sustainable Eel Group, nämlich die drei verschiedenen Lager der Naturschützer, Wissenschaftler und Fischer/Aufzüchter zusammenzubringen. Die Umweltaktivisten sind wohl in der Mehrzahl, aber der Moderator versucht die Gruppe für alle offen zu halten.

Auf unserer Facebook-Seite sind unter anderem sehr aufschlussreiche Beiträge des irischen Biologen William O'Connor veröffentlicht, mit dem ich in E-Mail-Kontakt stehe. Er ist mit denselben Problemen konfrontiert wie Frode: geschredderte Aale, die William aus dem Shannon fischt. Der Shannon ist nicht nur der längste und wichtigste Fluss Irlands, sondern ganz Großbritanniens. William arbeitet am südlichen Abschnitt des Flusslaufs, unterhalb des großen Wasserkraftwerks Ardnacrusha. Die

Aalkadaverteile, die er aus dem Fluss fischt, stammen von frisch getöteten Aalen, ansonsten wären sie auf den Boden gesunken. Das geschieht binnen einer Stunde. Man müsste dort nach ihnen tauchen – so wie die Kormorane, die William dabei beobachtet. Deren Population sei in den letzten Jahren kontinuierlich gestiegen. William führt das unter anderem darauf zurück, dass der Beutefang zunehmend einfach für sie geworden sei. Das Angebot an geschredderten, betäubten, erschlagenen Aale und anderen Fischen sei groß, und sie machten keine Anstalten zu fliehen.

Seit Jahren versucht William den staatlichen Wasserkraftbetreiber ESB dazu zu bewegen, sich des Problems anzunehmen, doch die Verantwortlichen stehen dem Ganzen völlig gleichgültig gegenüber. Zwar ist das bereits 1929 in Betrieb genommene Kraftwerk inzwischen mit einer Lachstreppe und mit eigenen Aaltreppen für die stromauf wandernden Jungaale ausgerüstet, doch werden sie nicht instandgehalten und sind dem Verfall anheimgegeben. Weil sie kein Wasser mehr führe, sei die Aaltreppe für die Jungaale nicht mehr zu benutzen, schreibt William und mailt mir Fotos, die das in aller Deutlichkeit zeigen. Die Kormorane kreisen über dem Fluss direkt unterhalb des Kraftwerks und freuen sich über die Festtage. (Auch von ihnen hat William Fotos geschickt, wie sie zerschredderte Aalstücke im Schnabel halten.)

Früher war der Shannon und sein Mündungstrichter bei Limerick reich an Lachsen, die Lachsfischerei florierte. Es waren goldene Zeiten für Berufsfischer und Sportangler. Nach dem Bau des Wasserkraftwerks Ardnacrusha war damit schlagartig Schluss. Nur noch einigen wenigen Lachsen gelingt es, die Treppe hinaufzugelangen, der Bestand ist bei Weitem nicht mehr so groß wie früher. Was sich auch daran zeigt, dass es in Limerick kaum noch Fischer gibt.

Irlands Küstenregion ist außerordentlich fruchtbar. Sie gehört vielleicht zu den fruchtbarsten Lebensräumen in ganz Europa. Vielleicht liegt es aber gerade daran, dass man sich nicht allzu sehr darum kümmert, diesen Reichtum zu bewahren. Irland hat sich als EU-Mitglied zur Umsetzung des Eel Management Plans der EU verpflichtet, der konstruktive Maßnahmen zum Aalschutz vorsieht. Helfen würde das vielen der älteren Einwohner Limericks heute nicht mehr, für die die Aalfischerei seinerzeit ein wichtiger Erwerbszweig war. Als Irland mit dem Verschwinden des Lachses ein Verbot auch für das Angeln von Aalen erließ, wurde ihnen die Existenzgrundlage ganz entzogen.

Die Art und Weise, wie William darauf hinweist, dass das Wasserkraftwerk Aale in Massen tötet, wirkt reichlich provokant. Aber ums Provozieren geht es ihm auch. Er will die Menschen wachrütteln, damit sie endlich Druck auf die »Wasserkraftbarone« ausüben und sie dazu bringen, den ökologischen Reichtum, den sie mit ihrer Wasserkraftindustrie zerstört haben, wiederherzustellen.

Über die Medien ist das Ganze nicht so einfach zu vermitteln. Ohne Ardnacrusha gäbe es weder in Limerick noch in Dublin genügend elektrischen Strom. Und Strom braucht jeder. Die Wirtschaft muss laufen. Wir leben schließlich in modernen Zeiten. Wen interessieren da schon ein paar alte Fischer in Limerick oder ein Umweltaktivist, der geschredderte Aale aus der Mündung des Shannon fischt und Alarm schlägt, so laut er kann, um das Schweigen der Medien zu brechen? Sollen wir wegen der Aale die Annehmlichkeiten unseres modernen Lebens opfern?

Es ist schon seltsam, wie wir mit unserem unmittelbaren Lebensraum umgehen und welches Verhältnis – oder:

Nichtverhältnis – wir zu ihm entwickeln. Auf Frøya waren wir vom Meer umgeben, es gehörte zu unserer Umgebung dazu. Wir konnten es von überall aus sehen. Wir hörten und rochen es auch. Auf meinen Wanderungen durch das Innere der Insel, zu den Süßwasserseen, an den ich Forellen fing, fühlte ich mich an einen ganz anderen Ort versetzt.

Ich erinnere mich noch gut daran, wie unser alter Nachbar Reidar seinen Rekordlachs nach Hause brachte. Er hängte ihn für alle gut sichtbar an den Firstbalken seiner Garage. Wir liefen alle hin, um den 20-Kilo-Lachs zu bewundern, den er mit der Rute aus der Orkla gefischt hatte.

Später zeigte er mir und meinem Jagdkumpel Terje, wie man Lachse fängt. Wir kampierten auf dem Zeltplatz in Orkanger. Reidar und eine Reihe weiterer Männer standen Tag und Nacht am Flussufer und versuchten ihr Glück mit den Lachsen. Nach vier oder fünf Wochenenden hatte auch ich endlich einen gefangen, der allerdings kaum anderthalb Kilo wog. Danach war meine Geduld mit den Lachsen am Ende.

Aber eigentlich war es toll, am Fluss diesen ganz anderen Lebensraum, die reißende Strömung erlebt zu haben. Ich dachte darüber nach, dass der Fluss eigentlich eine Art Übergangslebensraum war, ein breiter, aber auch gewaltig langer Weg, der im Grunde noch zum Meer gehört, aber weit ins Land hineinreicht, sogar bis ins Gebirge hinauf.

Ich hätte mir niemals vorstellen können, dass irgendjemand versuchen könnte, diesen ewigen Strom aufzuhalten, den ungebändigten Lauf des Flusses von den Bergen bis ins Meer.

Bevor es die Aufzuchtfarmen gab, machte der Wildlachsfang einen wichtigen Teil der Küstenfischerei auf Frøya aus. Die Bestände waren groß, es gab genug für alle, auch für die vielen Sportangler an den Flüssen.

Die versperrten Flussläufe im Zuge des Ausbaus der Wasserkraft haben zusammen mit dem sauren Regen und den Lachsparasiten in den 80er-Jahren vielen guten Lachsflüssen in Norwegen den Garaus gemacht.

In einem Bericht des Wissenschaftlichen Beirats der Lachsverwaltung von 2018 werden die Lachsaufzuchtbetriebe als schwere Bedrohung für den Wildlachsbestand bezeichnet, weil entkommene Zuchtlachse und die Lachslaus stark auf die Wildlachse einwirken, die flussaufwärts und -abwärts und durch die Fjorde wandern, wo eine Lachsaufzucht neben der anderen liegt. Die Schlussfolgerung des Berichts lautet, dass heute weniger als halb so viele Wildlachse wie noch vor 30 Jahren in die norwegischen Flüsse zurückwandern. Die Lage ist also ziemlich dramatisch. Die Kraftwerke und Aufzuchtbetriebe haben den Wildlachsbestand und die Lachsflüsse, die ehemals zu den besten der Welt gehörten, nachhaltig geschädigt.

»Panta rhei.« An diese Weisheit erinnere ich mich noch gut aus der Anfangszeit meines Studiums. Ich hatte die Insel meiner Kindheit verlassen, nun konnte mein Leben als Erwachsener – und als Student – beginnen. Das vorbereitende *Examen philosophicum* musste ich bestehen, um mein Literaturstudium aufnehmen zu können. Ich dachte an die Abifeier zurück, an den allerletzten Schultag, der in Norwegen ausgelassen begangen wird. Es war eine magische Sommernacht, wir hatten uns bei einem Klassenkameraden getroffen und Party gemacht. Wir waren mit der Schule fertig, die Zukunft lag vor uns. Ich weiß noch, wie ich zu meinen Mitschülern draußen auf der Veranda schaute, von wo aus man den Sonnenuntergang über dem Fjord sehen konnte. Ich weiß noch, dass ich Angst hatte, den Absprung von Frøya nicht zu schaffen. Ich dachte vor allem an das, was vor mir lag, auf der anderen Seite des Fjords. An das Festland und die

Stadt. Aber gleichzeitig dachte ich, als ich mit einigen anderen bei Sonnenaufgang etwas wehmütig nach Hause taumelte: Wie schön ist es doch hier!

»Panta rhei« – alles fließt, wie der griechische Philosoph Heraklit es formuliert hat. Er meinte damit die sich permanent verändernde Natur und das Leben. Von ihm stammt das treffliche Bild, dass man nie zweimal in denselben Fluss steigt, denn es ist ja nicht mehr dasselbe Wasser, weil es ja ständig abfließt und neues nachkommt. Diese Einsicht gilt auch noch nach über 2000 Jahren – zumindest in übertragenem Sinne. Und damals wie heute ist es erstaunlich, dass wir dieses Prinzip nicht befolgen. Der weitaus größte Teil unserer geistigen und künstlerischen Tätigkeit besteht darin, die Natur festzuhalten, zu kategorisieren, zu ordnen und zu vereinfachen. Die Zeit anzuhalten, die Dinge festzulegen und zu benennen, damit wir sie verstehen können.

Vielleicht ahnte ich schon damals als 19-Jähriger, was mich jetzt als 40-Jährigen umtreibt: dass gerade der Aal ein Wesen ist, das alle Kategorisierungen und Eindeutigkeiten infrage stellt: Salzwasser- oder Süßwasserfisch? Der Aal entzieht sich unserem analytischen Zugriff und ist für uns ein immer noch weitgehend unbekanntes Lebewesen, von dem wir nicht wissen, welchen Rhythmen und Prinzipien sein Wanderungszyklus folgt oder warum er sich nur in der Sargassosee paart.

Der Aal kann uns wie kein anderes Lebewesen die Augen dafür öffnen, wie wir alle natürlichen Wasserläufe einzwängen und künstlich segmentieren. Schon lange fließt nicht mehr alles heraklitisch ungezügelt und auf ewiglich, sondern wird ständig zerstückelt, kategorisiert und durch menschliche Ingenieurskunst reguliert. Wir verlieren den Kontakt zur Natur und zu unserer Umwelt, auch zu unserer unmittelbaren, als deren Teil wir uns einmal ganz selbstverständlich verstanden haben. Wir begreifen sie nicht mehr nach ihren eigenen Gesetzmäßigkeiten, sondern nur gemäß unserer eigenen – menschlichen – vereinfachenden gedanklichen Konstrukte.

Was bleibt, ist die Hoffnung, dass uns durch die Beschäftigung mit dem Schicksal des Aals die Augen für die kleineren und größeren Zusammenhänge geöffnet werden.

Zurück zum Hammarvatnet

Ich entscheide mich, nach Frøya zu fahren. Auf meine Insel. Über anderthalb Jahre ist es her, dass ich angefangen habe, dem Aal hinterher zu reisen.

Was ich unterwegs über das Verhältnis des Menschen zum Aal erfahren habe, lässt sich problemlos verallgemeinern in Bezug auf das Verhältnis, das der Mensch zur Natur generell hat.

Glasaalschwarzhandel, Turbinen und Regulierungen, bedrohte traditionelle Küstenfischerei, Forschung, Aufzuchtversuche und Hunderte verschiedener Kochrezepte, in denen sich unterschiedliche Esskulturen widerspiegeln. Ingenieurskunst, Aquakultur und nationale Identität. Was wir über den Aal wissen, beschränkt sich auf seine Existenz in den uns zugänglichen Lebensräumen. Wenn er in die Tiefen abtaucht, aus denen er gekommen ist, endet all unser Wissen – nicht nur über ihn.

Ich muss selbst tiefer eintauchen, denke ich. Es ist gut 20 Jahre her, dass ich Frøya verlassen habe, und ich frage mich, was mich hier nach so langer Zeit wohl erwartet.

Die Fahrt dauert lange, zwölf Stunden reine Fahrzeit, sagt das Navi des Mietwagens. Es fühlt sich nicht so an, als würde ich nach Hause fahren. Eher so, als würde ich sehr weit weg fahren. Soweit es nur geht. Was ja auch gewissermaßen stimmt. Frøya ist die am weitesten vor der Küste liegende der drei großen Inseln Smøya, Hitra und Frøya vor dem Trondheimsfjord beziehungsweise Kristiansund. Sie war einmal mein Zuhause. Ich habe hier gelebt, bis ich 19 war und zum Studieren aufs Festland in die Stadt zog. In dieselbe Stadt, aus der meine Familie hierhergezogen war. Ich war von Anfang an unsicher, ob diese Insel meine Heimat ist. Als ich zu studieren anfing, zogen auch meine Eltern zurück nach Trondheim. Wir gehörten nicht nach dort draußen.

Ich werfe einen Blick auf die Rückbank, wo Rucksack, Schlafsack, Isomatte und Zelt liegen. Dazwischen die Angelruten im Futteral. Und zwei gute Angelrollen. Wenn ich eine neue Rolle kaufe, muss ich zwangsläufig an meine allererste zurückdenken, die ich in Sistrand auf Frøya gekauft habe. Ich sehe sie immer noch vor mir, ganz deutlich und mit allen Einzelheiten – seltsam.

Als Jugendlicher wollte ich unbedingt aufs Festland – in die Stadt und später an die Universität, ich wollte dort spannende Leute kennenlernen, Gleichgesinnte. Während ich darauf wartete, dass das Leben endlich anfing, tat ich etwas, wofür sich im Grunde niemand sonst in der Familie interessierte: Ich ging jagen und fischen. Ich war draußen in der Natur. Ich besaß ein eigenes Boot, mit dem ich zum Angeln rausfuhr, auf Entdeckungsfahrten ging und in den Schären Seevögel beobachtete. Ich stellte in der Niedrigwasserzone Fallen auf, mit denen ich Nerze fing. Stundenlang erkundete ich wandernd, mit ein paar leichten Forellenruten ausgerüstet, das Innere der großen Insel.

Die Insel Frøya, die den Namen der altnordischen Fruchtbarkeitsgöttin trägt, erstreckt sich über eine Fläche von 240 Quadratkilometern, die eher flache Landschaft ist geprägt durch Heidekraut, Felsbuckel und zahlreiche kleinere und größere Gewässer. Über 100 gute Forellenplätze soll es hier geben. In diesem Punkt unterscheidet sich Frøya nicht wesentlich von der Insel Smøla, die als Anglerparadies gilt.

Wie so viele Sportangler habe ich in den letzten Jahren öfter überlegt, an dem Frühlings-Forellenfischen auf Smøla teilzunehmen. Aber dann habe ich mir gedacht, dass es genauso interessant sein könnte, nach Frøya zu fahren und in den Seen meiner Jugend zu angeln.

Ein Kreis würde sich schließen, wenn das Buch so endete, wie es angefangen hat: mit einem Aal am Haken im Hammarvatnet oder in einem der vielen anderen Seen.

Auf der sehr informativen, toll gemachten Artenkarte (www.artsdatabanken.no) kann man sehen, ob, wo und wann eine Art in Norwegen gesichtet worden ist. 3658 Aalbeobachtungen sind vermerkt, und zwar aus fast allen Ecken des Landes. Nördlich der Trøndelag gibt es nur wenige durch Nadelköpfe kenntlich gemachte Aalsichtungen, im Süden sind erheblich mehr markiert. Die allermeisten Beobachtungen sind tatsächlich auf Frøya nachgewiesen. 112 rote Nadeln stecken auf der Insel. Wenn man aus dem Satellitenfoto herauszoomt, dann ist die Insel eine große Ansammlung roter Nadeln; zoomt man näher heran, erkennt man, dass in so gut wie jedem See eine Nadel steckt. Die meisten Fundorte wurden 1993 gemeldet. Das Muster der Nadeln kann auf Zufall beruhen, aber ich fand es schon interessant, wie viele Beobachtungen es gerade hier auf Frøya gab.

Natürlich kenne ich die schematischen Darstellungen, die zeigen, wie alle Aale aus der Ostsee, aus Südnorwegen, Ostdänemark und Schweden, dem Baltikum, Polen, Deutschland, Finnland und Russland der norwegischen Küste bis zum Trøndelager Sammelpunkt Frøya folgen, von wo aus sie aufs Meer hinausschwimmen. Die Insel fungiert als Treffpunkt auf halber Strecke vor dem lang gestreckten Norwegen, die Aale aus Nord und Süd sammeln sich hier, bevor sie von hier aus südwestlich zwischen den Shetlands und den Färöern hindurch, westlich an den Britischen Inseln und den Azoren vorbei in die Sargassosee wandern. Entweder im und gegen den warmen Golfstrom oder vielleicht mit einer kälteren und tieferen Unterströmung. Sicher ist, dass Frøya ihre letzte Landmarke vor der Sargassosee ist.

Es kann unmöglich ein Zufall sein, dass ich dieses Buch über Aale schreibe, denke ich in einem Anfall von Übermut. Die Straßen werden schmaler und kurvenreicher, es gibt zahlreiche Schlaglöcher und Buckel. Die Landschaft verändert sich, die Farben werden düsterer und schwerer. Man sieht lange Tanggürtel in den Felsen, die bei Niedrigwasser bloßliegen. Schon daran kann man sehen, dass der Tidenhub hier enorm ist. Ich habe die Musik laut aufgedreht, draußen ziehen Berge, Felsbuckel, Fjorde, Wälder, Wiesen und Häuser vorbei. Siedlungen, an die ich mich erinnere. Schilder, die ich kenne. Landschaften, die mir vertraut sind. Ein gutes Gefühl, zu wissen: Hier bin ich schon gewesen.

Als Erstes besuche ich unsere alten Nachbarn Eli und Reidar.

In Reidars Bootshaus lagen Vaters Færing und mein eigenes Boot. Wenn ich zum Bootshaus wollte, ging ich über Elis und Reidars Hof und durch ihren Garten. Sie luden mich oft zum Mittagessen ein, mit Reidar konnte ich immer über Jagd und Fischerei fachsimpeln.

Sie hatten einen Bauernhof mit Kuhstall und Silo. Ich erinnere mich noch genau, wie sie einmal ein Schwein auf dem Hof schlachteten, an die Ochsen, die vor dem Schuppen grasten, auf dessen Dach ich mit meinen Freunden saß, und daran, wie wir im Heu herumtobten. Den Schuppen nutzt Reidar heute als Räucherhaus.

Unser Haus und den großen Garten gibt es nicht mehr. Einige Jahre, nachdem meine Eltern weggezogen waren, wurde das Haus abgerissen und auf dem Grundstück ein Vier-Parteien-Mietshaus errichtet. Der Garten wurde planiert.

Es fühlt sich seltsam an, vor diesem großen und ziemlich hässlichen Mehrfamilienhaus zu stehen und sich daran zu erinnern, wie es hier früher einmal aussah. Es ist nicht mehr real, selbst wenn ich die Augen schließe.

Bei Eli und Reidar war es sehr gemütlich. Beide sind mittlerweile alt, aber auch ich bin ja älter geworden, habe große Kinder und länger an anderen Orten gelebt, als ich als Kind und Jugendlicher hier verbracht habe.

Reidar ist aber immer noch so, wie ich ihn in Erinnerung habe. Er ist immer noch groß und stark und trägt immer noch seinen Schnurrbart, der jetzt allerdings nicht mehr schwarz, sondern grau ist. Er ist hier wirklich zu Hause und ganz bei sich. Ganz anders als mein Vater. Ich glaube, dass mein Vater sich auf Frøya zwar eigentlich wohlfühlte, dass aber gleichzeitig eine Unruhe in ihm war, die ihn nicht hierbleiben ließ.

Das Einzige, was ihn wirklich glücklich machte, war die Gartenarbeit zusammen mit meiner Mutter. Unser Garten war ohne Frage der schönste im ganzen Dorf. Meine Eltern, beide Mitglieder im Gartenbauverein, legten unseren Garten planvoll an, mit Bäumen, die das große Grundstück begrenzten, mit Johannisbeer- und Himbeersträuchern, Rasenflächen vor und hinter dem Haus und einem Gemüse- und Kräutergarten. Es war schön, in den Garten zu gehen. Jetzt ist das alles nicht mehr da, der Garten nicht, mein Vater nicht, und ich, der ich früher war, auch nicht.

Von unserem Garten aus konnte ich direkt ins Hinterland aufbrechen, in eine Landschaft aus Heidekraut, Felsblöcken, Gehölzen und hochgebirgsartigem Gelände. Auf Frøya nannte man das »hauan«. Ich brauchte eine Stunde bis zum nächsten See. Jetzt wäre das gar nicht mehr möglich. Direkt hinter dem neuen

Haus ohne Garten liegt eine Wiese, aber dahinter erstreckt sich ein großes Neubaugebiet. Es ist fast ein eigener kleiner Ortsteil. Das war das Erste, was mir aufgefallen ist. Einige der alten Häuser stehen hier zwar immer noch, aber sie sind umgeben von vielen neuen. Das Gemeindezentrum ist erweitert und modernisiert worden, die Schule nicht wiederzuerkennen. Und von den Leuten, die ich in den Läden sehe, kenne ich niemanden mehr, alles neue junge Gesichter.

»Du hörst hier heutzutage ziemlich viele verschiedene Sprachen«, sagt Eli, als sie mir zum Abschied ein Päckchen mit selbst geräuchertem Wildlachs in die Hand drückt.

Ich glaube, wenn die Aale der menschlichen Sprache mächtig wären, dann herrschte auch bei ihnen ein babylonisches Sprachengewirr, ein Sammelsurium aller europäischen Hochsprachen und Dialekte. Oder aber eine Art Ursprache, die in allen europäischen Sprachräumen gleichermaßen verständlich wäre.

Die Lachszucht, die während meiner Jugend noch in den Kinderschuhen steckte, hat sich in den letzten 20 bis 30 Jahren enorm entwickelt. Frøya gehört zu den Kommunen mit den meisten Zuchtlachsgehegen in ganz Norwegen. Das bringt Steuereinnahmen und sorgt für Wachstum. Die Gemeinde ist reich, die Einwohnerzahl seit unserem Wegzug deutlich gestiegen. Als kürzlich die Steuerlisten veröffentlicht wurden, konnte jeder sehen, dass Gustav Witsøe aus Frøya einer der reichsten Norweger ist. Sein Vermögen hat er in den letzten 30 Jahren mit dem Aufbau eines Zuchtlachsimperiums gemacht. In den Zeitungen waren auch Fotos seines Sohns abgedruckt, mit Lackschuhen, offenem Hemd, Sonnenbrille und Zigarre, der ebenfalls zu den reichsten im Land gehört. Der 23-Jährige besitzt zehn Milliarden norwegische Kronen (etwa eine Milliarde Euro) und hat es damit auf die *Forbes*-Liste der jüngsten Milliardäre der Welt geschafft. Beide sind mit natürlichen Ressourcen, die einmal Gemeinbesitz waren, ungeheuer reich geworden. Frøyas Einwohner sind froh über dieses florierende Gewerbe auf ihrer Insel. Die Unternehmer Witsøe sorgen nicht nur für sichere Arbeitsplätze, sondern unterstützen auch gemeinnützige Projekte, etwa den Bau neuer Sporthallen.

Der Fjord bietet keinen vertrauten Anblick mehr. Alles ist voller Zuchtgehege. Das war auch schon auf dem Weg hierher so.

Als ich mit 13 hier allein mit dem Færing unterwegs war und angelte und dabei unser Haus gut sehen konnte, schwamm eine Schule Orcas – Killerwale – zwischen mir und unserem Haus. Furchterregende haifischähnliche Flossen, die über die Wasseroberfläche ragten. Ich war fürchterlich nervös und ängstlich, als ich wieder nach Hause ruderte. Vor jedem Ruderschlag schaute ich in die Tiefe hinunter, ob nicht die Killerwale heraufkämen, um das Boot umzustoßen und mich zu töten. Später fuhr ich dann mit meinem eigenen Boot bis zu den äußersten Schären hinaus, nach Kråkskjæret, wo ich mit einem Jagdkameraden stundenlang auf der Lauer lag und darauf wartete, dass Kormorane über uns hinwegzogen. Von hier draußen blickten wir direkt auf das mächtige, weite Meer. Wir konnten nur ahnen, dass weit, unendlich weit entfernt am selben Meer fremde Küsten lagen – die isländische, grönländische, amerikanische … Es war geheimnisvoll – und gefährlich. Jetzt gleicht der Fjord mit den kreisförmigen Zuchtgehegen auch hier draußen einem großen maritimen Viehstall.

Ich versuche mir vorzustellen, wie es am Meeresgrund aussehen mag.

2016 erregte eine der Aufzuchtanlagen, die an meinem alten Angelplatz liegt, großes Medieninteresse. Das lag daran, dass es bei Måsøval, einem zum Großkonzern Lerøy gehörenden

Betrieb, ein massives Problem mit Lachsläusen gab. Die über die Medien verbreiteten Aufnahmen wirkten wie aus einem Horrorfilm; Massen von Lachsläusen hatten in den Gehegen Lachse bei lebendigem Leib aufgefressen. Man sah zappelnde halbtote Lachse, deren Kopf nur noch eine blutige, bis auf die Knochen abgenagte Wunde war. Es war gleichzeitig zum Heulen und zum Kotzen! Ich schaue zu der Anlage hinüber und sehe, dass sie immer noch voll in Betrieb zu sein scheint.

Reidar und seine Tochter Elisabeth sind noch oft draußen auf dem Fjord und angeln. Ich frage Elisabeth, ob sich die Aufzuchtgehege dabei negativ bemerkbar machen, und sie erzählt, dass auch andere Fischarten von Läusen befallen sind. Sie machen sich nicht mehr so viel Mühe damit. Die Fische, die sie noch fangen, verarbeiten sie zu Fischkuchen. Ich muss an die Schreckensbilder aus dem Norden denken, von Fischern, die deformierte Dorsche, Köhler und Pollacken gefangen haben, die sich von Resten des Aufzuchtfutters, das aus den Gehegen ins umliegende Meer gelangte, ernährt haben.

Das Neueste, was ich gehört habe, ist, dass der Zuchtlachskönig Witsøe in eines der größten schwimmenden Zuchtgehege der Welt investiert hat. Bilder in einem Zeitungsartikel zeigen, wie das Gehege – groß wie eine Bohrinsel – in China, wo es hergestellt wurde, von großen Schiffen auf See hinausgeschleppt wird, auf den weiten Weg nach Frøya. Wenn es angekommen ist, wird es draußen vor Frøya im Meer versenkt, und dann sieht man davon nur nach das große Haus, das in der Mitte auf dem Gehege thront. Der Vorteil dieses Riesengeheges soll seine vermeintliche Umweltfreundlichkeit sein. Dadurch, dass es seinen Standort weiter draußen im Meer hat, werden auch alle Abfälle wie Futterreste, Läuse und Krankheitskeime ins offene Meer hinausgespült. Wie viel umweltfreundlicher wird das wirklich sein? Das Gewässer, in dem das Gehege versenkt werden soll, liegt ausgerechnet im Naturschutzgebiet Frohavet. In der Lokalzeitung steht, dass die Chefin der Kommunalregierung von einem »großen Tag für Frøya und für die Welt« spricht. Sie begründet das damit, dass die Weltbevölkerung auf die Bewirtschaftung des Meeres und das Ausschöpfen seiner Möglichkeiten angewiesen ist, weil die Landwirtschaft im globalen Maßstab offensichtlich an ihre Grenzen stoße, die wachsende Weltbevölkerung aber immer mehr Nahrungsmittel brauche. Das ist ein schlagendes Argument, und Frøya kommen durch die weitere Expansion des Zuchtbetriebs höhere Steuereinnahmen zugute. Aber am meisten nutzt das alles wohl Witsøe und seiner Firma SalMar, die mit der Produktion im großen Stil auch Profit im großen Stil machen. Wäre es für die Umwelt nicht besser, kleinere Aufzuchtanlagen an Land zu errichten?

Enttäuscht und einigermaßen ratlos wende ich dem Fjord den Rücken zu. So viel ist klar: Das hier ist keine freie Natur und keine unberührte Schärenwelt mehr. Ich mache mich auf den Weg ins Innere der Insel.

Weil ich im Zelt übernachten will, werde ich ein wenig weiter als bis zum Hammarvatnet wandern, aber vielleicht werde ich dort ein bisschen angeln. Ich parke den Wagen am alten Wasserturm und nehme den dahinter verlaufenden Wanderweg. Überall um mich herum Vogelgezwitscher. Möwen im Hintergrund, Große Brachvögel und Bekassinen, dazu der eine oder andere Goldregenpfeifer. Außerdem gibt es ziemlich viele Graugänse, die hier wohl nisten. Eine Lerche jubiliert hoch in den Wolken. Schnell höre ich auf, mich darüber zu ärgern, dass ich keine Aufnahmen machen kann, und lausche den Vogelstimmen. Der Weg, auf dem ich wandere, ist offenbar vielbegangen. Bald bemerke ich hinter mir weitere Wanderer, und im Wäldchen an der Nordseite des Hammarvatnet sehe ich, dass ein paar ihre

Zelte aufgeschlagen und am Ufer ein Lagerfeuer gemacht haben. Allein bin ich also nicht, im Gegensatz zu früher. Schnell gehe ich weiter. Ich will den abgelegenen, kaum erkennbaren Weg hinauf zu den Berntshaugtjønnen finden. Reidar hat mir damals den kleinen See und den noch kleineren Teich davor gezeigt. Nur wenige wussten von den großen Forellen, die es darin gab, besonders im kleineren Teich. Wir hatten beschlossen, das für uns zu behalten. Als ich zum ersten Mal mit Reidar hinaufwanderte, kam es mir sehr weit vor. Am moorigen Ufer des Teichs bewegen wir uns vorsichtig. Die Fische hier seien scheu, hatte Reidar gesagt. Bis zum Abend hatten wir zwei dicke Braunforellen gefangen. Vermutlich hatte Reidar mit ein paar Freunden die Fische früher hier ausgesetzt.

Wie sich herausstellt, ist der Weg alles andere als schwer wiederzufinden, weil er fast so breit ist wie der Hauptwanderweg, der nach Nordwesten zur Trimhytta hinaufführt. Am Wegrand stehen sogar Infotafeln, auf denen man unter anderem etwas über die Steinzeitfunde aus der Gegend erfahren kann. Das interessiert mich im Moment aber nicht, denn es wird Abend, und ich will gerne ankommen und noch ein bisschen angeln. Bis zum größeren der Seen habe ich kaum eine Stunde gebraucht. Als Zehnjähriger kam mir das wie eine sehr lange Wanderung vor. Aber da bin ich ja ich meistens direkt von unserem Haus aus losgegangen und brauchte sicher doppelt so lange. Es weht ein kalter Wind, mit dem schweren Rucksack auf dem Rücken schwitze ich trotzdem. Der ausgebaute Weg führt am Nordufer des Sees entlang, ich entscheide mich, querfeldein in Richtung des Felsbuckels zu gehen, hinter dem der kleine Teich liegt. Endlich angekommen, baue ich rasch mein Zelt auf und werfe die Angel aus. Das Wasser wirkt völlig tot. Nach kurzer Zeit entscheide ich mich, lieber im See weiterzuangeln. Auf dem Weg zum Berntshaugtjønn begegnet mir ein Jogger. Er trabt an mir vorbei, weiter ins Innere der Insel. Ich laufe selbst viel in den sørländischen Wäldern und Heiden, aber ich wundere mich doch sehr, hier, wo ich in voller Bergtourkluft und mit Angelrute stehe, einem Läufer zu begegnen. Vielleicht liegt es daran, dass ich für meine Begriffe damals hier schon in der Wildnis war.

Ich weiß, wo der Weg hinführt. Er war ja früher auch schon da, nur eben schwer zu finden. Er führt zum Kjeisvatn, einem ziemlich großen, von Wald umsäumten See. Als Zehnjähriger drang ich voller Abenteuerlust in dieses unbekannte Gelände vor. Eine genaue Wanderkarte gab es damals nicht. Ich kam auch bis zum Kjeisvatn, und einmal bin ich sogar noch weiter bis zum Ørnberg gegangen, wo an die zehn großen Seeadler über mir kreisten.

Ich brauche kaum 20 Minuten bis zu dem See, und hier beißen die Fische auch wirklich gut an. Mit drei schönen Forellen komme ich zurück zum Zelt und beginne gleich damit, sie in der Pfanne auf dem Benzinkocher zu braten. Hinter der Trimhytta ist die Heide noch ganz schwarz und verkohlt vom großen Brand im Jahr 2014. Auf einer etwa zehn Quadratkilometer großen Fläche hat das Feuer alles zerstört. Bei Wikipedia kann man lesen, wie groß damals die Erleichterung war, dass kein besiedeltes Gebiet betroffen war, und dass die Wildnis, die den Flammen zum Opfer gefallen war, als »nicht besonders wertvoll« galt. Ich finde das merkwürdig – was ist denn wertvoll?

Es hat etwas Befriedigendes, meine selbst gefangenen Forellen hier draußen zu braten. Aber ansonsten ist vieles auf meiner Nostalgietour nicht so, wie ich mir das vorgestellt habe. Einiges stört die Idylle aus Kindheitstagen, die ich wiederzufinden hoffte. An der Trimhytta und am Hestvatn und Korsvatn war an diesem Abend alles voller Menschen. Unten am Korsvatn zelteten Jugendliche, die ziemlichen Lärm machten, und an der Trimhytta traf ich auf zwei Männer wie mich – beide mit Rucksack und Angelrute. Das freute mich, und ich nickte ihnen lächelnd zu. Es ist doch schön, wenn die Einheimischen und Touristen rausgehen und die Natur genießen. Als ich wieder beim Zelt war und schon gegessen hatte, rissen mich plötzlich Motorlärm und Reifenquietschen aus meinen Gedanken. Aufgrund der Windrichtung vermutete ich, dass dieser Krach vom alten Flugplatz in Flatval kam. Der kleine Landeplatz war gebaut worden, als ich gerade zwölf Jahre alt war. Nach einigen Jahren regulären Betriebs wurde die Piste dann hauptsächlich vom Motorsportklub der Insel benutzt. Anscheinend machen die das immer noch. Das Aufheulen der Motoren und das Quietschen der Reifen war während des ganzen Abends und des ganzen folgenden Tages zu hören. Aber höchstwahrscheinlich ist damit eh bald Schluss, denn es gibt, wie in der Zeitung stand, jemanden, der den Flugplatz aufkaufen und ausbauen möchte: Gustav Witsøe und SalMar lassen nicht nur das weltgrößte Zuchtlachsgehege aus China hierherschleppen, sondern haben auch ein Kaufgebot für den alten Flugplatz und die Piste in Flatval abgegeben. In der Zeitung hieß es, Witsøe glaube fest daran, dass von dem Flugplatzausbau die Inselgemeinde profitieren werde – und mehr noch sein ständig wachsendes Zuchtlachsimperium, was er natürlich nicht sagte.

Als es Nacht wird, senkt sich endlich Stille über die Landschaft. Das Motorengeheul vom Flugplatz hört auf, das Geschrei der Jugendlichen verklingt. Nur aus der Ferne hört man ab und an noch Motorengeräusche und johlende Stimmen, wohl aus Sistranda. Trotzdem habe ich jetzt endlich das Gefühl, allein zu sein, in der Wildnis – zwar keiner richtigen, aber wenigstens einer Art Wildnis.

Ich wundere mich, warum ich gar nicht müde bin, als mir bewusst wird, wie hell es noch ist, und das mitten in der Nacht. Es wird gar nicht richtig dunkel, denke ich ziemlich verwundert. Aber zumindest ist es so dunkel, dass die Landschaft um mich herum fast ausgelöscht scheint, in verschiedenen Schattierungen von Blau, Schwarz und Grau aufgelöst.

Auf einmal schreckt mich ein Geräusch auf. Ganz in der Nähe meines Zeltes läuft etwas herum und brüllt. Ein tiefes, kehliges, rollendes Stöhnen, wie von einem Monster. Ich spüre leichte Panik in mir aufsteigen, aber dann sage ich mir, das muss ein Hirsch sein. Ich höre, wie das Tier näher kommt, bis ich im Halbdunkel ein Geweih ausmachen kann. Kurz überlege ich, was ich tun soll, wenn mich das Tier angreift, muss aber sogleich über mich selbst und meine Furcht lachen. Da sehnt man sich nach unberührter, wilder Natur, und wenn man es wirklich mit ihr zu tun bekommt, macht man sich vor Angst fast in die Hose.

Der Hirsch muss mich bemerkt haben, das Röhren endet abrupt, ich hänge wieder meinen Gedanken nach. Ich habe einen Schwimmer mit einem Wurmköder ausgelegt, für den Fall, dass ein Aal auf Nahrungssuche ist. Aber will ich wirklich einen Aal am Haken haben?

Da landet ein Sturmvogel auf der dunklen Fläche des Tjønn. Ich glaube jedenfalls, dass es einer ist. Jetzt ist die Nacht am dunkelsten, ich kann ihn kaum erkennen. Da stößt er seinen unheimlichen Schrei aus.

Auch als Jugendlicher habe ich, wenn ich hier oben war, diese Mischung aus Furcht und Erregung gespürt. Einerseits war es toll, dass man ganz allein war, einen stundenlangen Fußmarsch von anderen Menschen und menschlichen Behausungen entfernt. Höchstens traf man auf Sportangler, die in den vielen Seen nach Forellen fischten. (Aber die meisten angelten damals lieber im Meer.)

Andererseits hatte ich, wenn ich am einsamen Seeufer saß, gegen kleine Angstattacken zu kämpfen, die mich überfielen, ohne dass ich sagen konnte, warum. Es war etwas anderes als die Furcht, die ich angesichts der Orcas unter meinem Ruderboot empfand. Mit 16 oder 17 Jahren hatte ich angefangen, mich für Literatur zu interessieren und Romane von Dostojewski und Hamsun gelesen. Ich verstand damals intuitiv, dass meine Wanderungen, die immer tiefer ins Innere der Insel führten, eine Art symbolische Bedeutung hatten, ohne das in Worte fassen zu können. Ganz allein in der Natur zu sein, führt zwangsläufig dazu, dass du dich mit dir selbst beschäftigst. Weil es keine Ablenkung gibt, kein Gegenüber, mit dem du dich austauschen kannst; du begegnest in solchen Situationen gewissermaßen dir selbst, vor allem all deinen finsteren Gedanken. Gerade das ist es womöglich, was man sucht, diese Art der Selbsterkenntnis, die einem Rohmaterial liefert, zum Beispiel zum Schreiben.

Raubtiere in freier Wildbahn sind weder gut noch böse, sie kümmern sich wenig um dich, wenn sie dich nicht gerade als Bedrohung oder leichte Beute wahrnehmen. Die Natur funktioniert nach ihren eigenen Gesetzmäßigkeiten, sie ist dem Menschen gegenüber oft hart und gnadenlos. Man muss sich gut vorbereiten und wissen, was man tut, wenn man in der Wildnis überleben will. Deshalb sind wir Sofahocker auch so fasziniert von Abenteurern wie Lars Monsen, Bear Grylls oder früher Fridtjof Nansen.

Als ich erwachsen wurde, bin ich regelmäßig in die Wildnis gegangen. Und damit meine ich die Wildnis gemäß der strengen

Definition: mindestens fünf Kilometer von allen Spuren menschlicher Zivilisation entfernt.

Mittlerweile sieht es so aus, als sei Wildnis in diesem Sinne im doch eigentlich wilden und ziemlich dünn besiedelten Norwegen selten geworden. Nur mehr zwölf Prozent der norwegischen Landfläche gelten als Wildnis. Dazu gehören meine Jagdreviere in Dovre und Rondane, wohin ich mich jeden Herbst begebe. Die Anziehungskraft dieser Gegenden hat auch damit zu tun, dass es heute nur noch so wenige ihrer Art gibt; Gegenden, die viele Menschen in unserer industrialisierten Welt als »wertlos« bezeichnen.

Neben der Mischung aus Angst, Unsicherheit und Faszination, die ich als Jugendlicher erlebt habe, kommt noch ein anderes Gefühl, als ich durch die Heide meiner alten Heimat wandere: das Gefühl, zu wissen, wer man ist und dass man nicht hierhergehört. Ich bin nur zu Besuch hier.

Fast wie der Aal, denke ich, als ich dem See den Rücken kehre und ins Zelt krieche. Ich denke an die roten Nadeln auf der Karte der Artendatenbank, eine in jedem See auf der Insel – und eine jede Nadel steht vermutlich für Hunderte von Aalen.

Die Aale sind ja ebenfalls Einwanderer, auch wenn sie schon seit Millionen Jahren hierherkommen. Sie kommen aus den fernsten Gewässern, aus einer Tiefe, von der sich die Leute auf Frøya keine Vorstellung machen. Wenn sie ankommen, sind sie so klein und durchsichtig, dass man sie oft nicht einmal sehen kann. Wenn sie niemand bemerkt, kümmert sich auch niemand um sie. Dass es im Fjord auch Zuchtaalgehege gibt und große Teile der ehemals so schönen, aber unfruchtbaren Felslandschaft mit hässlichen Windrädern vollgestellt sind, darum wiederum kümmert sich der Aal nicht. In den Flüssen und Bächen hier gibt es zum Glück noch keine Regulierungen, Dämme oder

Turbinen, die ihn in Stücke hacken. Hier gibt es nur natürliche Hindernisse auf dem Weg hinauf zu den Seen, die er leicht überwindet. Vielleicht begegnen die Glasaale bei ihrer Wanderung hinaus den ausgewachsenen Aalen auf ihrem Weg zurück ins Meer. Diese haben wahrscheinlich genauso lange hier gelebt wie ich. Oder noch länger. Womöglich doppelt so lange. Aber Einheimische sind sie deshalb nicht. Nicht einmal Norweger. Sie sind nur zu Besuch. Und doch gehören sie seit jeher hierher, schon viel länger als wir Menschen.

Bevor ich einschlafe, lese ich im Schlafsack im Licht der Stirnlampe noch ein bisschen in Fridtjof Nansens *Nord i tåkeheimen* (»Im Nebelheim des Nordens«), das ich antiquarisch erworben habe. Sowohl das Gewicht (es ist wirklich groß und wiegt mehrere Kilo) als auch sein relativer Wert sprechen dagegen, es mit auf eine Wanderung zu nehmen. Aber ich dachte, es wäre die passende Lektüre. Nansen beschreibt in der Einleitung die Entdeckung des sagenumwobenen Landes im Norden namens Thule, das er als Norwegen identifiziert, durch Pytheas; Nansen zufolge ist die Gegend vor meinem Zelt genau diejenige, an der Pytheas aus Massalia (das heutige Marseille, damals eine griechische Kolonie) 300 Jahre vor Christus, 1000 Jahre vor der Wikingerzeit, gelandet sein könnte. Der Abenteurer und Gelehrte stieß durch die Straße von Gibraltar in weitgehend unbekannte Gefilde vor, wo es entlang der nordeuropäischen Küsten nur ganz vereinzelte Handelszentren gab, und erkundete Norwegen und England, zwei wilde und unbekannte Inseln in dem großen Ozean jenseits der zivilisierten Welt des Mittelmeers. Vom Mittelmeer aus fuhr man damals vor allem auf den Flüssen hinauf an die Ostsee, wo der begehrte Bernstein gefunden wurde, und von Frankreich aus war auch die Südküste Englands erschlossen, wo es bedeutende Zinnvorkommen gab.

Als Pytheas von seinen Reisen zurückkehrte, schrieb er darüber ein Buch (das vermutlich *Über den Ozean* hieß). Aber man schenkte seinen Schilderungen keinen Glauben. Er beschreibt Britannien als aus einer großen und mehreren kleinen Inseln bestehend und berichtet, dass es weiter nördlich, jenseits der Orkneys und Shetlands, noch ein ganz neues und unentdecktes Land gebe. Dieses Land nennt er Thule. Von Thule aus fuhr er durch die Ostsee wieder nach Süden, zwischen den dänischen Inseln hindurch, vorbei an den Siedlungen der verschiedenen germanischen Stämme, die seit Herodots Zeiten bekannt waren und mit denen die Mittelmeervölker Handel trieben.

Pytheas' Werk selbst ist leider nicht überliefert, sondern muss aus Zitaten und kritischen Erwähnungen, die sich bei anderen antiken Autoren finden, rekonstruiert werden. Nansen versucht sich an einer Art Rehabilitierung für den ersten Entdecker im Nordatlantik, indem er die Quellen noch einmal unter die Lupe nimmt.

Manche meinen in Thule Island erkennen zu können. Aber nach Nansen war Island unbewohnt, bis norwegische Wikinger die Insel etwa 1000 Jahre später kolonisierten, um Bürgerkrieg, hohen Steuern und Unterdrückung in Norwegen zu entgehen. Pytheas schreibt, er habe in diesem neuen Land Thule Einwohner angetroffen, die relativ fortschrittliche Landwirtschaft betrieben. Sie bauten Getreide an (Weizen und Hafer), das sie in großen Scheunen trockneten, weil das Wetter dort sehr unbeständig sei. Die besten Voraussetzungen für Getreideanbau auf Pytheas vermutlicher Reiseroute gibt es hier am Trondheimsfjord. Er bekam ein Getränk aus Getreide und Honig angeboten, wahrscheinlich Met (für den später die Wikinger berühmt waren). Dass Nansen die Reiseroute festlegen kann, liegt daran, dass Pytheas auch als Astronom ein Pionier war. Er war der Erste, der Orte nach Längen- und Breitengraden kartierte und der bemerkte, dass es einen Zusammenhang zwischen dem Mond und den Gezeiten gibt und dass Ebbe und Flut weiter nördlich ausgeprägter sind. Pytheas hielt sich offensichtlich mehrere Monate im neu entdeckten Land auf und unternahm von hier aus möglicherweise Exkursionen weiter nach Norden. Vielleicht kam er sogar bis zum Polarkreis.

Im Weltbild der griechischen Antike liegt das Mittelmeer im Zentrum, umgeben und begrenzt von der Sahara im Süden und dem Eis im Norden. Pytheas scheint tatsächlich Eis gesehen zu haben, vermutlich Treibeisschollen.

Wie Pytheas sich mit den Eingeborenen verständigt haben mag? Soweit man das aus der Überlieferung herauslesen kann, hatte er nur wenige bis keine feindseligen Begegnungen während der Fahrt. Ganz im Gegenteil, Pytheas traf auf hilfsbereite und auskunftswillige Menschen.

Wenn ich mir die Karte mit den Wanderrouten der Aale noch einmal anschaue, die zeigt, dass sämtliche nordeuropäischen Aale südlich an Frøya vorbei ins Meer hinausschwimmen, fällt mir auf, dass Pytheas vor 2300 Jahren – wenn Nansens Berechnung stimmt – fast genau dieselbe Route nach Norden gesegelt ist, die die Aale in südliche Richtung nehmen, in einer Tiefseerinne, die von der norwegischen Küste aus zwischen den Shetlands und den Färöern und weiter südwestlich an Schottland und Irland vorbeiführt. In nördlicher Richtung ist das die Route, die wir als Golfstrom kennen.

Aber, denke ich im Halbschlaf, ich habe es andersherum gemacht. Ich war ein jagender und fischender Skandinavier, aber auch halber Engländer, und wir fuhren jeden Sommer nach Südwesten hinunter, in die Zivilisation, nach London, einen Ort, der, als Pytheas in unbekannten Gewässern segelte, noch unberührte Natur war. Später gründeten hier die Römer ihre nordwestlichste Kolonie Londinium, die noch später ausgerechnet von skandinavischen Wikingern übernommen wurde – und schließlich zu dem heranwuchs, als was ich sie als Kind kannte – einer Weltstadt.

Am nächsten Tag kehre ich ziemlich spät zum Auto zurück und mache mich gleich auf die Heimfahrt. Auf der langen abschüssigen Strecke im Tunnel unter dem Fjord lege ich einen kleinen Gang ein, lasse mich rollen und denke daran, wie mir mein Vater früher, als man noch die Fähre nehmen musste und wir in der Warteschlange standen, von den vielen Fahrten erzählte, auf denen er in seiner Jugend als Schiffsjunge dabei war. Mein Vater war gegen den Bau des Tunnels, der die Insel mit dem Festland verbindet. Er hätte es lieber gesehen, wenn Frøya eine richtige Insel geblieben wäre. Wir zogen schließlich weg, bevor der Tunnel gebaut wurde.

Sehe ich das am Ende nicht genauso wie mein Vater? Gewiss, der Fortschritt lässt sich nicht aufhalten. Aber die Frage ist doch, ob die verschiedenen Auswirkungen, die der Fortschritt mit sich bringt, tatsächlich auch als Fortschritt gesehen werden können.

An der tiefsten Stelle des Tunnels, über 160 Meter unter dem Meeresspiegel, muss ich nur aufs Gas treten, um nach der langen Abfahrt wieder nach oben zu kommen, ans Tageslicht. Vor mir liegt noch ein langer Heimweg, nach Sørland zu meiner Familie. Denn dort ist jetzt mein Zuhause.

Comacchio – Lillesand 30 °C

»Da würde ich gerne mal Urlaub machen«, sagt der italienische Restaurantbesitzer, als ich ihm erzähle, dass ich aus Norwegen komme.

Er hat ein pockennarbiges Gesicht und dürfte nicht viel älter sein als ich. Die Haare trägt er glatt nach hinten gekämmt. Mit seinem Ohrring und den Tätowierungen auf den Armen sieht er aus wie ein Seemann. Sein Ton den Angestellten gegenüber ist ziemlich schroff, was die Stimmung aber nicht beeinträchtigt. Er ist der Chef, und er spricht von allen noch am besten Englisch.

»Das ist bestimmt wunderschön dort, nicht wie hier, wo es den ganzen Winter über neblig und im Sommer brütend heiß ist. Berge, Fjorde, Kiefern und Platz für alle«, schwärmt er.

Wir sind ins Gespräch gekommen, als wir bezahlen wollten und er meinte, mit der Meeresfrüchteplatte hätten wir eine sehr gute Wahl getroffen. Die Muscheln würden direkt vor der Küste geerntet. Ich sagte, dass es bei uns zu Hause ähnliche gebe, wenn auch nicht in solchen Mengen.

»Du kennst dich sicherlich gut aus mit Fisch, Norwegen ist ja schließlich die Heimat der Lachse«, meint er.

Ich riss mich zusammen und erzählte ihm nichts von den Zuständen in den norwegischen Lachszuchtbetrieben und dem meiner Meinung nach erbärmlichen Verhältnis der Norweger zu ihrer eigenen Fischerei und Küstenkultur. Ich lobte ihn für die Kochkunst seiner Küche und seine Gastfreundschaft.

Wir aßen jeden Abend bei ihm. Als Vorspeise nahmen wir immer eine große Schüssel Muscheln. Danach entweder Krabben,

Tintenfischbabys, Meereskrebse, Aal, Köhler oder Garnelen und an einem Abend einen ganzen Hummer zu Spaghetti. Meine Frau hatte zunächst Pizzen zum Mitnehmen bestellt, unter anderem eine Meeresfrüchtepizza, die großzügig belegt war. Weil wir davon so begeistert waren, kamen wir wieder.

Was erfreulich ist: Die Preise sind völlig normal. Das ist in Norwegen grundsätzlich anders, Fisch und Meeresfrüchte sind dort geradezu exorbitant teuer, und man muss sich gut überlegen, ob man sich so ein Fischessen gönnt.

Alles hier ist schlicht und unprätentiös, das Lokal ist gut besucht, jeden Abend essen zahlreiche Einheimische hier. Auf einem Fernseher kann man die Übertragung der Fußball-WM in Russland verfolgen. Das Lokal hat eher etwas von einer Bar als von einem Restaurant.

Wir sind auf einer letzten »Aaltour«, die uns nach Comacchio geführt hat. Unsere Ferienwohnung liegt ein wenig außerhalb dieser Aalstadt, an der Küste in dem kleinen Ort Lido di Spina. Vom Balkon der Ferienwohnung aus sehen wir unser Restaurant.

Am frühen Vormittag geht's runter zum Strand. Das Thermometer steigt schon früh am Morgen über 30 Grad. Obwohl Venedig von hier aus nur eine halbe Stunde entfernt ist, scheint es hier weit weniger touristisch zu sein als in vielen anderen Orten in der Nähe. Vor allem Italiener verbringen ihren Urlaub in Lido di Spina, viele von ihnen haben hier ein Sommerhäuschen. In unserer Anlage mit Ferienwohnungen wohnen Familien aus England, Deutschland und Tschechien. Wir sind die einzigen Norweger.

Auch dieses Jahr hatten wir dieselbe Diskussion wie immer. Ich halte nichts davon, in den Sommerferien aus Sørland wegzufahren. In Südeuropa ist es im Sommer teuer, überlaufen und unerträglich heiß. Dorthin fährt man lieber in der kalten

Jahreszeit, wenn es nicht so überlaufen ist, zum Beispiel im November. Aber der Rest der Familie findet, zu einem richtigen Urlaub gehört, dass man wenigstens ein bisschen wegfährt. Das finde ich ja auch. Es ist gut, Abstand vom Alltag zu gewinnen – und etwas anderes zu erleben. Der Kompromiss war ein letztes Aalziel nach unseren sich über fast zwei Jahre erstreckenden Aalreisen. Ich hatte John Bergers Essay über Comacchio und sein jährliches Aalfestival gelesen, hier waren wir also, im Nordosten Italiens mit seiner Lagunenküste und den trockengelegten Sümpfen im Binnenland, in dem es zahlreiche Kanäle und Seen gibt – in denen es immer vor Aalen gewimmelt hat. Außerdem gibt es in den Regionen Emilia-Romagna und Veneto eine der besten italienischen Küchen. Die Universitätsstädte Padua und Bologna sind nicht weit, zahllose Kunstschätze und Architekturdenkmäler gibt es sowieso überall in Italien.

Comacchio liegt an einem Mündungsarm des Po. Die Einwohner der Stadt sind von Wasser umgeben: das Meer, der Fluss, die Kanäle. Comacchio wirkt fast wie eine Insel. John Berger schreibt, dass alle in der Stadt, ob jung und alt, Bootfahren können.

John Berger war ein Engländer im Exil. Er starb in Frankreich, seiner zweiten Heimat. Auch England ist eine Insel, überlege ich. Kann es sein, dass Inselbewohner immer von der Insel wegwollen? Umgekehrt: Ist es vielleicht ein ganz anderer Menschenschlag, den es *auf* Inseln zieht?

Ich denke an die Erzählungen meines Vaters von seinen Reisen um die Welt; als Schiffsjunge fuhr er auf verschiedenen Schiffen, später studierte er in Österreich, seine Frau lernte er in London kennen, und dann landete er auf der Insel Frøya. Als Jugendlicher, den Blick aus meinem Kinderzimmer aufs Festland am Horizont gerichtet, wünschte ich mich weg von dort.

Für mich war es unvorstellbar, dass jemand die große weite Welt gegen das Leben hier würde eintauschen wollen. Wie zum Beispiel Kobla aus Ghana, ein Freund der Familie, oder unser Englischlehrer Michael, ein Halbindianer, der aus New Mexico stammte. Etwas Abwegigeres konnte ich mir kaum vorstellen.

»Es ist schön, ein eigenes Fleckchen Erde zu besitzen«, sagte mein Vater zu mir, als ich noch klein war. Wir standen in unserem Gemüsegarten auf Frøya und aßen Zuckererbsenschoten. Mein Vater war am Nidelva in Trondheim aufgewachsen. Er erzählte, dass er so tollkühn gewesen war, sie zu durchschwimmen, um auf der anderen Seite Obst zu stibitzen, das er den Nachbarskindern schenkte, die große Augen machten und sehr beeindruckt waren. Jetzt liegt er gegenüber, auf der anderen Seite des Flusses, begraben, ein bisschen weiter Richtung Innenstadt. Wenn ich sein Grab besuche, mache ich meist einen Abstecher ans Flussufer. Es gibt dort eine Bank und einen offiziellen Angelplatz. Seltsam, ein Angelplatz an einem Friedhof. Es steht sogar ein Schild mit den Angelvorschriften dort. Ich bin bisher immer alleine hier gewesen, und das war auch gut so, weil ich dann darüber nachdenken kann, dass mein Vater genau da liegt, wo er seine Kindheit verbracht hat. Dass er im Grunde nach Hause gekommen ist.

Wir gehen über die Trepponti. Die Dreifachbrücke mit den drei Tortürmen ist Comacchios Wahrzeichen. Zwischen zwei Kanälen und drei Brücken liegt eine natürliche Freilichtbühne, wo die Vorbereitungen für ein Konzert laufen. Ein Orchester und ein Chor aus den USA werden amerikanische Klassiker von Bernstein und Gershwin aufführen, denn heute ist der 4. Juli.

Das Verhältnis zwischen den USA und Italien ist ein ganz besonderes, man denke nur an die vielen bekannten (und teils berüchtigten) Italoamerikaner, und nicht zuletzt war Kolumbus Italiener.

Alle an den Kanälen gelegenen Restaurants bieten verschiedene Aalgerichte an. In einem der Kanäle steht eine Art Statue in traditioneller Fischerkleidung mit einem Angelspieß, an dessen Spitze sich ein Aal windet. In einem der Restaurants hängt unter dem Vordach des Eingangs eine große Aalskulptur aus Metall. Mehrere Gaststätten haben Namen mit einem Bezug zum Aal. In einigen Schaufenstern hängen Plakate für das Sagra dell'Anguilla, das Aalfestival, das immer in der ersten Oktoberwoche stattfindet. Wir setzen uns an einen Tisch draußen am Kanal, von wo aus wir auf die Bühne mit den drei Türmen blicken können. Ich bestelle Tagliatelle mit Aal.

Orchester und Chor proben amerikanische Klassiker, während wir klassisch italienisch essen mit Pasta, Parmesan und der hiesigen Spezialität. Die Aalstückchen sind so klein und delikat, dass es auch eine Bolognese sein könnte.

Während die Sonne langsam untergeht und die Temperatur etwas erträglicher wird, muss ich wieder mal daran denken, wie ich als Kind am Hammarvatnet den Aal am Haken hatte – und wie ich da am Seeufer dunkel meinen Mangel an Wissen geahnt habe.

Wieder zu Hause in Norwegen, ist es fast genauso warm wie in Italien. Eigentlich war es schon seit Mai so warm. Der Rasen ist vertrocknet. Was wir gerade erleben, ist das Gegenteil vom letzten Sommer, der verregnet und kühl war. Voriges Jahr waren die Stauseen voll und überschüssiger Strom wurde billig ins Ausland verkauft und der Strompreis stieg, damit die Kraftwerksbetreiber trotzdem Geld verdienten. Dieses Jahr sind die Reservoirs fast leer und es ist die Rede davon, Strom – teuer – aus dem

Ausland zu importieren und die Preise deswegen abermals zu erhöhen. Ich warte ja nur darauf, dass jemand vorschlägt, noch ein paar neue, größere Wasserkraftwerke zu bauen …

Im letzten wie in diesem Jahr war der Sommer unnormal und extrem, aber unter jeweils verschiedenen Vorzeichen. Beide Sommer wurden als Beleg für den Klimawandel beziehungsweise die Klimakrise gewertet. In diesem Jahr fällt es leichter, an den Klimawandel zu glauben, wenn man das vertrocknete Gras und die brennenden Wälder hier in Sørland, in Schweden und in Griechenland sieht.

»C'est pas normal!«, riefen sie immer in Arles. Als Studenten hatten Cecilie und ich eine Interrailtour gemacht und uns ein paar Monate in der kleinen Stadt in der Provence niedergelassen. Der Kühlschrank in unserer winzigen, aber billigen Bude gab nach ein paar Tagen den Geist auf. Aber was machte das schon, wenn man jeden Morgen alles frisch und günstig auf dem Markt und beim Bäcker, Metzger und Fischhändler kaufen konnte? Wir fühlten uns toll in Arles und genossen das Leben. Aber das einzig Normale im Städtchen war, so meinten die Alten, dass das Wetter nicht normal war.

Die Gletscher schmelzen, das ist offenkundig. Sie verschwinden womöglich ganz. Jetzt, da sich das Eis zurückzieht, gibt es Schätze frei, die darunter verborgen waren. Am Dovrefjell wurde ein unversehrtes Wikingerschwert gefunden. Das war nur möglich, weil es hier auch schon früher einmal kein Eis gegeben hatte. In der Wikingerzeit war es 2 °C wärmer als heute. Auch Gletscher existieren nicht ewig.

An der Sørlandsküste ist heute die »böse« Auster der erklärte Feind der Meeresbiologen und Umweltbehörden. Die ersten Menschen, die in Norwegen gelebt haben, aßen bereits Austern, so wie es auch noch die neuzeitlichen Sørländer im 17. und

18. Jahrhundert getan haben. Seit den 1980er-Jahren schlagen die Wissenschaftler Alarm, weil die Pazifische Auster, eine invasive Art, die einheimische Europäische Auster verdränge. Das Schlimmste an der Pazifischen Auster ist meiner Meinung nach, dass ihre Schale so scharfkantig ist, dass man sich beim Baden daran schneiden kann. In den vergangenen Sommern haben die Umweltbehörden aber große Anstrengungen unternommen, um die Pazifische Auster loszuwerden. Sie wurden in großem Stil gesammelt und auf Mülldeponien entsorgt. Was für ein Wahnsinn! In den Restaurants serviert man genau solche Pazifischen Austern.

Ein wenig Hoffnung gibt es aber, weil nach der ganzen Anti-Austern-Propaganda und den Versuchen, »die Austern loszuwerden«, die Einheimischen wieder angefangen haben, Austern zu ernten, zuzubereiten und zu essen. Die Auster ist zwar nicht so beliebt wie die Miesmuschel, aber es werden Jahr für Jahr mehr Miesmuscheln und mehr Austern gegessen. Vielleicht führt dieses neu erwachte Interesse dazu, dass auch andere Delikatessen wiederentdeckt werden, die das Meer und die Küstengewässer zu bieten haben, zum Beispiel Schwertmuscheln, Herzmuscheln und Schnecken.

Während die Pazifische Auster als invasive Art verteufelt und in der Küche gleichzeitig immer beliebter wird, liest man in der Zeitung, dass der Fang der früher so gefürchteten Königskrabbe – in Norwegen auch »Russenkrabbe« genannt – jetzt oben im Norden mittels Quote reguliert wird. Als diese Krabbe seinerzeit von Russland aus die norwegische Küste eroberte, war das ein Schreckensszenario: die Masseninvasion einer Art, die auf ihrem Weg nach Süden alles andere Leben auf dem Meeresboden auslöscht. Inzwischen haben wir gelernt, wie gut Königskrabben schmecken, und wie viel man im Fernen Osten für diesen Genuss zu zahlen bereit ist. Die Königskrabbenfischerei ist ein sehr profitables Gewerbe geworden. Aus diesem Grund ist jetzt für die Königskrabbe eine Fangquote eingeführt worden, was absurd klingt angesichts der Tatsache, dass sie kürzlich noch auf der Schwarzen Liste stand und man fürchtete, sie würde den Meeresboden vor der norwegischen Küste komplett zerstören.

Die Angst vor Veränderung und Kontrollverlust ist im Menschen tief verwurzelt. Aber auch wenn wir uns dagegen sträuben, das Leben ist Veränderung, das ist sein Grundprinzip. Es ist ein fahrender Zug, und am meisten frustriert uns, dass wir nicht am Steuer sitzen.

Wir machen mit guten Freunden einen Bootsausflug am späten Nachmittag, es ist noch immer sehr warm. Bei dieser Hitze tut es gut, draußen auf dem Meer zu sein. Wir halten ein kaltes Bier oder ein Glas Prosecco in der Hand und fühlen uns gut.

Als wir an einem Holm weit draußen anlegen, geht kein Lüftchen mehr. Wir baden, lassen uns auf den Felsen nieder und essen Krabben. Pures Sommerglück.

Und was ist mit dem Aal?

Im Spätsommer treffe ich mich erneut mit Caroline Durif. Sie ist wieder mal nach Flødevigen gekommen, um wie letztes Jahr zu Forschungszwecken auf Fischfang zu gehen und Aale in den Schären zu markieren. Das Fangergebnis ist auch dieses Jahr gut.

»Es gibt richtig viele Aale, mehr als letztes Jahr«, erzählt sie.

In diesem Sommer hat sie auch bei Fischern in Risør und in den Schären bei Grimstad gearbeitet, dort, wo im 18. Jahrhundert Pehr Kalm strandete und vom Reichtum des Meeres berichtete, der weitgehend exportiert und von den Einheimischen kaum beachtet wurde, während andere Einheimische den Rückgang bei den Fisch- und Vogelbeständen beklagten. Die

Geschichte scheint sich zu wiederholen. Ist der Aal eigentlich wirklich bedroht?

In Norwegen zumindest ist er in eine niedrigere Gefährdungskategorie eingestuft worden. Er gilt jetzt nur noch als »Bedroht«, nicht mehr als »Vom Aussterben bedroht« wie im übrigen Europa.

Caroline meint, es sei schon richtig, den Aal als bedroht oder vom Aussterben bedroht einzustufen. Zum einen, weil seine Süßwasserlebensräume überall erheblich beeinträchtigt oder zerstört worden seien. Der Ausbau der Wasserkraft, aber auch die Vernichtung von Feuchtgebieten stoppen de facto die Wanderungen der Aale, flussaufwärts wie flussabwärts.

»Das Fantastische am Aal ist aber, dass er sich anpasst und neue Lebensräume findet. Dass es ihm gelingt, wie hier in Sørland, sich in den Schären einzugewöhnen. Der Aal hat mehrere Eiszeiten überlebt, lange bevor es Menschen gab. Die von Menschen gebauten Kraftwerke stellen eine neue Bedrohung dar, aber ich glaube, dass der Aal auch die letztlich überstehen wird«, sagt Caroline. Dennoch würde es auf jeden Fall helfen, wenn wir uns bewusst machen würden, was wir mit der sogenannten grünen Energiequelle anrichten. Wenigstens ein paar Feuchtgebiete in Frieden zu lassen, würde uns keine Mühe kosten.

Caroline stellt klar, dass auch die von Wissenschaftlern verbreiteten Szenarien, die allzu oft Schreckensszenarien sind, dem Zeitgeist folgen, ob es sich um Parasiten aus Fernost, Wasserkraftwerke, Klimawandel oder mögliche Einwirkungen durch Meeresströmungen und Mikroplastik – das aktuelle Trendthema – handelt.

Als die größte Bedrohung für den Aal hat sich im Lauf der Zeit der Ausbau der Wasserkraft und die Trockenlegung von Feuchtgebieten herausgestellt. Der Mangel an unverbauten

Flussläufen und geeigneten Süßwasserlebensräumen ist eklatant. Ebenfalls höchst problematisch ist der Schwarzhandel mit Glasaalen. Hingegen wirkt sich die normale und nachhaltige Küstenfischerei auf die Aalbestände nur in sehr geringem Maße aus.

Ich frage Caroline, ob das die anderen Wissenschaftler auch so sehen. Sie meint, die meisten Forscher hätten inzwischen begriffen, dass eine nachhaltige Fischerei dazu beitrage, Überblick und Kontrolle über den Bestand einer Art zu erhalten. Nicht zuletzt sei sie wichtig, damit unser eigentlich enges Verhältnis zum Fisch und zur Natur im Allgemeinen nicht verloren geht. Sonst werde die Küstenkultur zu etwas Musealem.

Mit Arjan Palstra vom Testlabor im holländischen Wageningen sind wir uns in dem Punkt einig, dass es sich wahrscheinlich positiv auf den Bestand auswirken würde, wenn es gelänge, Aale in Gefangenschaft zu vermehren und aufzuziehen – auch wenn wir das persönlich ziemlich traurig fänden.

Wir müssen über alles Mögliche sprechen: Falken, Lachse, Albatrosse, Blüteninsekten, Radfahren, Joggen, Angeln – aber der Aal ist etwas Besonderes. Der Aal führt uns vor Augen, was die absurde Eigenheit der wissenschaftlichen Erkenntnis ist: Umso mehr wir wissen, desto mehr wissen wir, was wir alles nicht wissen. Und dass das, was wir nicht wissen, am interessantesten ist, ist doch klar.

Durch die Beschäftigung mit dem Aal ist immer wieder auch die grundsätzliche Frage nach der Beziehung zwischen Mensch und Natur zum Thema geworden – wie auch der Aspekt des Reisens.

Der Aal ist international. Er kommt aus den salzigen Tiefen der Sargassosee und kehrt auch wieder dorthin zurück. Aber den Großteil seines Lebens verbringt er in den Flüssen und Süßwasserseen Nordafrikas, Nordamerikas und Europas.

»Das eigentlich Interessante ist doch, dass der Aal zu keinem Land, an keinen Ort gehört, und wie unterschiedlich die Rolle ist, die er in den verschiedenen Kulturen spielt. *Das* ist faszinierend«, sagt Caroline mit westnorwegischem und französischem Akzent.

Man kann an jedem Ort glücklich werden. Dass »Zuhause« zwangsläufig der Ort sein muss, an dem man aufwächst, ist ein ziemlich engstirniger Gedanke. Wir passen uns an die verschiedenen Lebensräume an – wie der Aal.

Vielleicht sind es ja eher die Menschen als die Orte, die uns prägen.

(…)

Every time the wind passed. Years
Later in the same fields
He stood at night when eels
Moved through the grass like hatched fears

Towards the water. To stand
In one place as the field flowed
Past, a jellied road,
To watch the crossing eels land

(…)

(aus: *A Lough Neagh Sequence* von Seamus Heaney, 1969)

Quellen und Bücher zum Weiterlesen

Tom Fort, *The book of eels,* HarperCollins 2003.

James Prosek, *Eels,* HarperCollins 2010.

Tsukamoto/Kuroki (Hg.), *Eels and humans,* Springer 2014.

Richard Schweid, *Considering the eel,* The University of North Carolina Press 2002.

Donald S. Murray, *Herring tales,* Bloomsbury 2015.

Mark Kurlansky, Kabeljau. Der Fisch, der die Welt veränderte, Claassen 1999.

Mark Kurlansky, Die Basken. Eine kleine Weltgeschichte, Claassen 2000.

Morten Strøksnes, *Havboka,* Oktober 2015.

Henning Røed, *Fiskehistorier,* Forlaget Manifest 2016.

Elisabeth Kolbert, Das sechste Sterben. Wie der Mensch Naturgeschichte schreibt, Suhrkamp 2015.

Drew Smith, Oyster: A gastronomic history, Abrams 2015.

Øyvind Berg et al., *Hummer,* Bokbyen forlag 2009.

Madame Prunier, *Fish cookery book,* Quadrille 2011 (EA 1938).

Henriette Schønberg Erken, *Stor kokebok,* Aschehoug 1949.

Fridtjof Nansen, *Nord i tåkeheimen,* ND Bjørn Ringstrøms Antikvariat 1988 (EA 1911).

Pehr Kalm, En resa i Norra America, ND in Skrifter utgifat af Svenska Litteratursällskapet i Finland 1904 (EA 1753).

Peder Claussøn Friis, *Norriges oc Omliggende Øers sandfærdige Besschriffuelse* (EA 1632, eingesehen in der Nasjonalbibliotek Oslo).

Dag O. Hessen, *Carl von Linné,* Gyldendal 2000.
Karin Bojs, Meine europäische Familie, Theiss 2018.
Bruce Chatwin, *In Patagonien,* Rowohlt 1981 (EA 1977).
John Berger, *Confabulations,* Penguin 2016.
Arthur Omre, *Ål i karri.* In: *Utvalgte noveller,* Gyldendal 1962.

Filme

The smog of the sea, Ian Cheney und Jack Johnson 2017.
A plastic whale, Sky 2017.
Parts Unknown, Anthony Bourdain, Staffel 11, Folge 3, CNN 2018.
Bizarre food, Andrew Zimmern, Travel channel 2015.
Big Business Baby-Aal, Arte 2017 (Mini-Dokuserie zum Glasaalschwarzhandel).
Alta-saken, Alf Johansen 1982.
DamNation, Ben Knight et al. 2014.

Bei der Arbeit an diesem Buch habe ich publizierte Forschungsergebnisse zum Thema Aal von folgenden Autoren herangezogen:

Caroline Durif, Frode Kroglund, Eva B. Thorstad, Willem Dekker, David Righton et al., Arjan Palstra, F. W. Tesch, Ø. Haraldstad et al. – sowie Zeitungsartikel aus *The Guardian, The New York Times* usw. und Beiträge in den norwegischen Medien sowie Berichte folgender Institutionen: Sjømatrådet, Skagerrakfisk, NINA, NIVA, NVA, IUCN, Sustainable Eel Group, WWF usw.

Einen Besuch wert

Eel Town (Facebook-Gruppe für Aalinteressierte)
Aalfestivals in Ely und Comacchio
Aalbuden in Åhus
Jan Smits Räucherei in Volendam, Restaurant Smit Bokkum
Stadtfest in San Sebastián (Baskenland) im Januar
Bob Cookes und Manzes Jellied-Eel-Shops in London

Dank

Ein großes Dankeschön an meine Reisebegleiter und an alle, die in diesem Buch erwähnt werden (oder auch nicht), zuerst natürlich an meine Familie, Leon, Edgar und Cecilie. Zu großem Dank verpflichtet bin ich meinem Lektor Finn Titland, der das richtige Maß zwischen Begeisterung und Kritik fand. Am großzügigsten hat mich Caroline Durif an ihrem Fachwissen teilhaben lassen, aber auch Frode Kroglund, Arjan Palstra, Estibaliz Dias, Willem Dekker, Andrew Kerr, Florian Stein und Eva Thorstad haben mich diesbezüglich immer freigiebig unterstützt. Praktische Kenntnisse auf den behandelten Gebieten verdanke ich unter anderem Einar Blix, Asgeir Alvestad, Max und Mats Svensson, Evert und Jan Smit, Peder Vaaje Hegland, Alex Koelewijn, Richard Fordham, Ronald Menzel und Mario Weber. Ebenso danke ich allen anderen, die mir mit Tipps und Ratschlägen geholfen, Entwürfe gelesen und mich zu Kursänderungen veranlasst haben. Vielleicht besteht das eigentliche Ziel einer Reise ja in den vielen netten Menschen, die man unterwegs trifft …

Edel Books
Ein Verlag der Edel Germany GmbH

This translation has been published with the financial support of NORLA.

Übersetzung aus dem Norwegischen: Martin Bayer
Projektkoordination: Dr. Marten Brandt
Layout und Satz: Datagrafix GSP GmbH
Umschlaggestaltung: Groothuis. Gesellschaft der Ideen und Passionen mbH | www.groothuis.de

Druck und Bindung: GGP Media GmbH, Pößneck

Printed in Germany

ISBN 978-3-8419-0681-6